GUIDE

DE LA

CULTURE DES BOIS,

OU

HERBIER FORESTIER,

AVEC 64 PLAN   IN·   10,
sur quart de colombier vélin ;

OUVRAGE INDISPENSABLE AUX PROPRIÉTAIRES DE BIENS RURAUX,
AUX OFFICIERS, ÉLÈVES ET AGENS FORESTIERS.

DÉDIÉ AU ROI

Par J.-B. Duchesne.

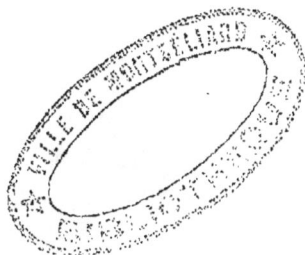

SE VEND A PARIS,

CHEZ MOREAU, IMPRIMEUR, RUE MONTMARTRE, N°. 39.

1826.

GUIDE

DE LA

CULTURE DES BOIS.

INTRODUCTION.

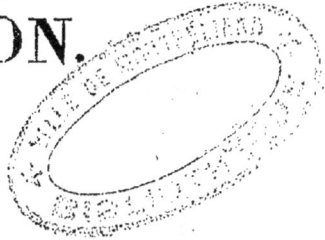

———

Le livre que j'offre au public n'est pas un de ces ouvrages inspirés par l'ambition de devenir auteur. Je ne recherche point la gloire littéraire, je voudrais être utile.

Le but de cet ouvrage est de donner le traité et la figure (par un fragment dessiné d'après nature et en grandeur naturelle) des espèces d'arbres qui offrent le plus d'avantages dans la culture des bois et qui composent communément les forêts, ainsi que des arbrisseaux qui y croissent spontanément ; c'est-à-dire de donner la description de leur accroissement et de leur durée, le traité de leur culture, celui de leur produit et de leurs utilité et usages, leur nomenclature française et leur nomenclature latine qui est universelle, leur description botanique et l'indication de la place qu'ils occupent dans la classification des végétaux ; de les présenter enfin, dans les rapports importans qu'ils ont dans l'économie domestique et forestière et dans ceux qui les lient à l'une des branches les plus intéressantes des sciences naturelles.

Cet ouvrage sera utile aux propriétaires de bois et de biens ruraux qui y trouveront des vues d'un grand intérêt pour l'amélioration des produits de leurs domaines ; il plaira aux habitans des campagnes qui cultivent les arbres avec délice, qui font naître, qui voient s'élever des forêts qui seront un jour la richesse de l'Etat, la leur et celle de leurs enfans ; il intéressera aussi l'artisan habile qui embellit nos villes, décore nos palais, sait donner au bois mille formes gracieuses ou hardies, et par les combinaisons sans nombre d'une industrie savante semble donner à l'arbre qui le fournit une seconde vie. Si mon ouvrage plaît par son utilité, j'aurai atteint mon véritable but.

Livré à l'étude de l'économie forestière par un goût dominant, je m'y suis adonné avec ardeur. J'ai consulté les auteurs anciens et modernes, ils m'ont beaucoup appris, mais beaucoup moins que les campagnes et les forêts. Je les ai parcourues, j'ai examiné, j'ai comparé, j'ai consulté les cultivateurs et j'ai en quelque sorte fait passer au creuset de l'expérience la théorie des savans.

Celui qui lira mon livre apprendra comment on sème, comment on plante, comment on exploite, comment on jouit des produits. J'assigne à chaque espèce d'arbres le terrain qui lui convient, je signale les dangers du climat, les avantages de l'exposition, enfin tous les accidens qui peuvent augmenter ou diminuer la prospérité de la culture.

Le commerçant, l'artisan puiseront dans mon ouvrage d'utiles leçons. L'un y apprendra quelles sont les espèces d'arbres qui conviennent à son commerce; l'autre, celles dont il doit garnir ses ateliers, etc., etc.

Je ne parlerai pas de l'importance générale des forêts, elle est trop universellement reconnue. Tout le monde sait quel rang elles tiennent parmi les richesses de l'Etat. Le nord de la Russie, pauvre des fruits de l'agriculture, est riche par ses forêts. Presque toutes les contrées septentrionales ont reçu de la nature cette heureuse compensation en dédommagement des biens que leur refuse la rudesse de leur climat.

Il faut ajouter à l'importance générale des forêts les avantages particuliers qu'elles offrent aux propriétaires. Ces avantages sont sans nombre, puisque des terreins perdus pour l'agriculture peuvent être peuplés d'arbres et offrir en peu de temps aux cultivateurs une richesse immense. Plusieurs espèces naissent, croissent et vivent avec éclat sur un sol absolument stérile. Le pin d'Ecosse et le pin maritime, par exemple, viennent sur la roche, dans les sables arides et dans les terres crayeuses et calcaires qui ne conviendraient à aucun autre végétal. L'aune, le saule, le

Avantages de la culture de certaines espèces d'arbres.

marceau, le frêne, le peuplier, etc., etc., croissent dans les terres aquatiques et les marais. Ces espèces semblent avoir été créées pour ces terreins perdus pour toute autre culture ; c'est le sol qu'elles préfèrent, elles y ont une végétation vigoureuse et un accroissement rapide.

Un propriétaire de la Champagne ayant voulu tirer parti de vastes terreins que leur sol crayeux avait rendus stériles jusque-là, y fit planter du pin sylvestre, dit d'Ecosse. Au bout de vingt ans il recueillit de cette culture 1,500 fr. par arpent. L'humus qu'avait formé sur le sol la décomposition des feuilles pendant ce laps de temps a fertilisé la terre qui a produit ensuite des céréales sans recevoir aucun engrais. Le peuplier n'offre pas de moins grandes ressources dans un terrein aquatique. On a fait l'expérience qu'un arbre de cette essence peut produire, à partir du moment de sa plantation, un franc par année. Ainsi, si on plante deux mille pieds d'arbres qui pourront couvrir deux hectares (4 arpens) de terrein on en retirera au bout de vingt ans 40,000 fr. Il faut déduire le prix du terrein et le revenu dont on est privé pendant vingt ans ; mais quand on évaluerait avec les frais de plantation ces dépenses à 10,000 fr., ce qui est beaucoup, on voit qu'on ne pourrait faire un meilleur placement de fonds.

Les plantations conservent les terreins en pente. Les plantations de bois utilisent les terreins en pente et offrent en outre un moyen sûr de les conserver. Les arbres, au moyen de leurs racines, retiennent les terres qu'entraîneraient nécessairement dans leur chute les eaux pluviales et les torrens qu'elles forment. On voit souvent les versans des montagnes dépouillés en partie de leur terre végétale par les pluies qui, à la longue, ont emporté les couches du sol, tandis que les coteaux, également inclinés, mais boisés, les ont conservés et offrent toutes les ressources d'un excellent terroir. Les plantations sont donc le meilleur pour ne pas dire le seul moyen de tirer parti des terreins montagneux, surtout de ceux dont la pente est fortement prononcée.

Les espèces qui peuvent croître avantageusement dans les terres rocailleuses qui sont ordinairement celles des montagnes sont d'un grand intérêt dans la culture des bois, attendu qu'elles utilisent des portions immenses de terrein dont aucune autre culture ne pourrait s'accommoder. Le châtaignier, l'orme, le bouleau, sont des espèces qui réussissent particulièrement dans les terres en pente et les graviers des coteaux et des montagnes. Leurs produits y sont très avantageux; les nombreuses propriétés qu'ont en outre ces espèces dans l'économie domestique ajoutent encore à leur utilité.

On voit que la culture des bois offre des chances très favorables, si on approprie aux terreins qu'on se propose d'exploiter de cette manière, les espèces d'arbres qui leur conviennent. Si on fait de grandes plantations, on sent que ce choix doit être d'une haute importance en considérant les grandes dépenses que causent leur établissement et les non-valeurs que l'on éprouve pendant le grand nombre d'années que le bois emploie à son accroissement. Une essence d'arbre, quoique dans un terrein qui ne lui conviendra pas, donnera constamment des signes de végétation, mais elle ne représentera pas le revenu de toutes les années qu'elle aura employées; tandis que celle qui aura été cultivée dans le terrein où elle prospère, offrira, pendant la durée de son accroissement, non-seulement le revenu des années qui se sont écoulées depuis sa plantation, mais d'autres valeurs en outre qui augmenteront considérablement le revenu de la terre.

Quand on veut faire dans un domaine une plantation, il est essentiel d'être guidé par soi-même dans le choix des espèces d'arbres qui conviennent au terrein, puisque c'est de ce choix que doivent résulter les grands avantages que peut présenter la culture des bois. On n'a pas toujours la facilité de parfaitement connaître les arbres forestiers; quelquefois on les connaît de vue et de nom séparément, mais on n'a pas le moyen d'établir l'analogie de ces diverses désignations, et c'est sur quoi on a besoin d'être fixé pour pouvoir rechercher l'espèce d'arbre qu'on se propose de cultiver en grand ou celle non moins importante qui peut utiliser les terreins perdus pour toute autre culture.

Nous avons vu que l'objet de cet ouvrage est d'offrir l'aspect de ces arbres utiles, d'identifier leur image à leur nomenclature, de les faire connaître invariablement avec leurs innombrables propriétés dans l'économie; d'offrir enfin un guide véritablement essentiel pour l'importante culture des bois.

Mais, si on cultive les forêts parce qu'elles produisent, on aime les arbres pour eux-mêmes et pour leur beauté. On peut dire en quelque sorte que le cœur a des émotions pour eux. L'esprit s'énivre d'admiration à l'aspect de ces superbes végétaux qui peuplent les campagnes. La variété de leurs formes et de leurs feuilles, l'éclat nuancé de leurs fleurs et de leurs fruits produisent tantôt des contrastes piquans, tantôt une délicieuse harmonie qui charme les yeux et ravit le cœur. Après avoir parcouru ces belles vallées, ces joyeux coteaux, où la nature semble vous sourire, on promène ses regards sur des plaines sans vie parce qu'elles sont sans arbres. L'œil attristé se porte sur ces immenses nudités sans trouver un seul point où il puisse se fixer, le cœur se glace à leur aspect, les sensations restent suspendues, l'imagination se rallentit et devient immobile; mais elle ne tarde pas à quitter ces plaines mortes et s'envole vers les lieux boisés qui lui rendent sa vivacité et son éclat.

Beautés des arbres.

Influence des arbres sur l'atmosphère.

Les arbres ne sont pas seulement la parure de la terre, ils sont encore utiles à cette mère qui les nourrit; ils lui donnent, en échange des sucs qu'ils en tirent, une fraîcheur qui la ranime. C'est à leur influence sur l'atmosphère que nous devons les pluies qui fécondent nos campagnes. Les contrées brûlantes de l'Arabie déserte, par exemple, n'ayant point d'arbres, sont privées de pluie et leur sol est stérile. Par ses feuilles qui sont autant de trachées qui aspirent l'air, l'arbre vit de gaz délétère et purifie l'air atmosphérique.

Leur utilité dans les marécages.

Les marécages si dangereux cessent de l'être lorsque des plantations bien entendues viennent neutraliser leurs miasmes et porter la salubrité au sein de la contagion. Abstraction faite des habitudes sociales, la peste n'étend ses ravages meurtriers que sur les contrées déboisées. Les Hollandais, dont le sol bas et marécageux est une conquête de l'industrie humaine sur le plus terrible des élémens, ont bien senti la nécessité de combattre ce principe de mort; ils ont planté et planté beaucoup; ils ont cherché dans les grands végétaux le plus énergique comme le plus puissant des remèdes à l'insalubrité de leur territoire.

Les grands végétaux embellissent tout ce qui les entoure, l'agrément d'un ombrage frais a charmé notre enfance et fait les délices d'un âge plus avancé. La verdure plaît en tous lieux, à toutes les époques de la vie; ses nuances diverses animent le grand tableau de la nature; aux sensations douces, au plaisir indicible qu'on éprouve à la voir, il faut reconnaître une convenance établie pour l'homme par la bonté du Créateur.

En général l'histoire des végétaux plaît à tous les esprits, elle est un délassement plutôt qu'une étude. De combien d'attraits ne brille-t-elle pas lorsque leur image vient animer leur intéressante description. A l'aspect de ces portraits le charme que répand partout leur modèle se retrace vivement à l'imagination déjà si favorablement prévenue. Mais c'est surtout dans la saison consacrée au repos de la végétation que l'image de ces gracieux ornemens de la terre paraît agréable; au salon et dans la chaumière, leur aspect rappelle les beaux jours de la nature et éveille délicieusement le souvenir des douces sensations que leur réalité nous ont produites.

Comme herbier, cet ouvrage offrira parfaitement ce genre d'intérêt. Le sérieux de l'étude y est en quelque sorte effacé par l'attrait du plaisir; il charmera avant de se montrer utile, c'est l'arbre qui présente ses fleurs avant d'offrir ses fruits.

L'ordre numérique dans lequel chaque espèce est présentée indique son degré d'importance dans l'économie domestique et forestière. (1)

(1) Plusieurs écrivains forestiers ont classé parmi les arbres du premier rang quelques espèces à bois dur auxquelles je

n'assigne qu'un rang secondaire. C'est qu'il m'a paru que je devais baser ma classification forestière sur le degré de profusion avec lequel chaque espèce se trouve répandue dans les bois et les forêts en général. Une espèce à bois tendre qui croît ordinairement sur le sol des forêts en plus grande abondance que telle espèce à bois dur, a nécessairement par la quantité une plus grande importance forestière.

GUIDE

DE

LA CULTURE DES BOIS,

OU

HERBIER FORESTIER.

CHÊNE. *QUERCUS.*

DESCRIPTION.

Caractères génériques.

FLEURS MONOÏQUES.

Fleurs mâles, chatons lâches et pendans, calice de cinq à neuf divisions, six à dix étamines.

Fleurs femelles, involucre à une fleur, composée d'écailles nombreuses, imbriquées, réunies, et formant une capsule coriace et évasée en soucoupe, qui persiste, prend de l'accroissement, et entoure la base du gland. Calice-supère, à six divisions très petites, un style très court. Trois stigmates, ovaire à trois loges, renfermant chacune deux ovules; deux

I

de ces loges avortent constamment. Fruit lisse, monosperme, sans valves, tronqué à la base, revêtu d'une peau cartilagineuse. (DESFONTAINES).

Le *genre* chêne, appartient à la famille des *amentacées* (fleurs disposées en chatons), comprise dans la 15e classe des végétaux, selon la méthode naturelle de Jussieu.

Ce *genre* a un grand nombre d'espèce, parmi lesquelles on remarque, après le chêne commun qui compose en grande partie nos forêts, celles suivantes.

1. Le chêne yeuse ou chêne vert, originaire de la France méridionale.

Quercus ilex.

2. Le chêne liège, originaire d'Espagne et de Barbarie.

Quercus suber. (LINNÉ).

3. Le chêne au kermès, originaire des mêmes pays.

Quercus coccifera. (LINNÉ).

4. Le chêne à feuilles de saule, originaire de l'Amérique-Septentrionale.

Quercus phellos. (LINNÉ).

5. Le chêne pyramidal, originaire du Portugal et des Pyrénées.

Quercus fastigiata. (LAMARCK.)

6. Le chêne à la noix de galle, originaire de la Syrie.

Quercus infectoria. (OLIVIER).

7. Le chêne chataignier, originaire de l'Amérique Septentrionale.

Quercus prinus. (MICHAUX).

8. Le chêne rouge, originaire du Canada.

Quercus rubra. (LINNÉ).

9. Le chêne tauzin ou angoumois.

Quercus tauza.

10. Le chêne grec ou Esculus, originaire d'Orient.

Quercus esculus.

11. Le chêne de Banister, originaire de l'Amérique Septentrionale.

Quercus Banisteri.

12. Le chêne cerris, originaire de France.

Quercus cerris. (LINNÉ).

Les espèces qui composent le plus généralement nos forêts sont : le chêne rouvre à trochets appelé vulgairement chêne mâle. Le chêne pédonculé, connu vulgairement sous le nom de merrain, de gravelin et de chêne femelle, et le chêne velu, connu sous le nom de chêne feuillu.

CHÊNE COMMUN ROUVRE A TROCHETS.

QUERCUS ROBUR GLOMERATA.

(LINNÉ.)

Caractères spécifiques.

Feuilles pétiolées, alternes, ovales, oblongues, pinnati-fides, sinuées, échancrures obtuses.

Fruits, glands sessiles, et agglomérés en trochets.

CHÊNE COMMUN PEDONCULÉ.

QUERCUS PEDUNCULATA.

Feuilles pétiolées, alternes, ovales-oblongues, glabres en dessous, pinnatifides, sinuées; échancrures obtuses.

Fruits, glands quelquefois solitaires et supportés par un long pédoncule.

CHÊNE COMMUN VELU.

QUERCUS VILLOSA.

Feuilles pétiolées, alternes, ovales-oblongues, pubescentes, pinnatifides, sinuées.

Fruits, glands sessiles.

Floraison, elle se fait dans ces trois espèces en mai avec la naissance des feuilles.

Fructification, elle est lente chez le chêne, son fruit n'acquiert sa parfaite maturité qu'au mois d'octobre.

Parmi les nombreuses espèces d'arbres qui peuplent les forêts, le chêne doit surtout fixer l'attention des économistes. La nature lui a prodigué tous les avantages. Elle a donné à son bois la solidité et la force, à ses formes la beauté, à son existence la durée.

Ce roi des forêts porte vers le ciel sa tête superbe, la balance au milieu des nuages, et semble défier la foudre; son épaisse chevelure arrête les rayons du soleil. Ses bras monstrueux s'étendent au loin, couvrent une vaste circonférence et protègent de leur ombre des peuplades d'arbrisseaux qui naissent à ses pieds et s'élèvent autour de lui comme pour former sa cour et lui rendre hommage. Ses racines hardies creusent profondément le sein de la terre, la saisissent dans tous les sens, et semblent l'y fixer à jamais. Sa vie est longue, elle traverse plusieurs siècles.

Dans la jeunesse du monde, avant la formation des sociétés, les hommes errans dans les bois se nourrissaient de glands et s'abritaient sous le chêne. Ce noble enfant de la terre fut adoré par eux, et cette superstition était de la reconnaissance. Plus tard, les Romains civilisés le consacrèrent à Jupiter, et l'arbre devint, en quelque sorte, l'égal du Dieu. On croyait entendre sortir des oracles de son tronc sacré. On coupait ses rameaux pour former les couronnes civiques qui devaient ombrager le front de celui qui s'était signalé par un grand dévoûment à la patrie.

Les Gaulois, toujours en guerre avec les Romains, tour-à-tour vaincus et vainqueurs, furent subjugués par eux. Plus ignorans et non moins superstitieux que leurs maîtres, ils adoraient le chêne. Les Druides, qui étaient leurs prêtres, lui vouèrent un culte religieux. Ils cherchaient le gui avec une pieuse inquiétude, et dès qu'ils l'avaient trouvé ils faisaient éclater leur joie par des fêtes, et leur reconnaissance par des sacrifices. Ce fanatisme brutal n'avait du moins rien de barbare, il ne faisait pas couler le sang des hommes, et le chêne était moins cruel que les Druides et leur farouche dieu Teutatès.

VIE ET VÉGÉTATION.

Le chêne qui doit vivre long-temps sur la terre, doit grandir lentement, c'est la loi générale de la nature. Cependant sa végétation est rapide dans les premières années de sa vie.

Il n'est pas rare de voir des bourgeons s'élever à la hauteur de 15 pieds en 5 années, et cette rapidité d'accroissement se fait remarquer jusqu'à 20 ans. Passé ce terme, la végétation devient plus lente et semble s'arrêter.

Les naturalistes qui ont cherché la cause de cette lenteur, très ordinaire dans tout ce qui a vie, ont cru la trouver dans les couches ligneuses et corticales qui se durcissent avec les années, et condensant le bois, retrécissent les canaux séveux. La sève, alors non moins abondante, mais arrêtée dans son mouvement d'ascension, est forcée de se répartir plus doucement dans la périphérie du corps de l'arbre, et sa végétation devient plus lente. Cet effet et ses causes physiologiques sont généralement remarqués, et on sait partout que le chêne croît davantage, proportionnellement, dans le premier cinquième des années de sa croissance, et que cette progression inverse se manifeste toujours plus ou moins sensiblement jusqu'au terme de son accroissement.

Climat.

Le chêne croît dans la zone tempérée, tout autour du globe, depuis le nord de l'Afrique, jusqu'au nord de l'Europe, les contrées glacées du nord et le climat brûlant de l'équateur lui sont également défavorables.

Accroissement.

Tous les écrivains forestiers ont pensé que le chêne croît, s'embellit et se fortifie pendant le premier tiers de sa vie. Qu'il brille du même éclat pendant l'autre tiers, et que dans le cours de la dernière période, la nature le fait arriver insensiblement à sa fin.

Le chêne étend plus ou moins son accroissement. On ne peut pas parfaitement juger de sa stature naturelle par la hauteur qu'il acquiert dans les futaies. Elle n'y est pas proportionnée avec la grosseur du tronc, parce qu'étant très rapprochés les uns des autres, les arbres se privent mutuellement de l'engrais météorique qu'ils ne peuvent recevoir qu'à leur cime. Ils sont forcés de s'allonger extraordinairement, et ils ne peuvent grossir dans la proportion.

Ainsi on voit dans un terrain qui a du fond, des chênes en futaie de 80 à 90 ans qui ont plus de 100 pieds d'élévation, tandis que les mêmes arbres étant isolés dans le même terrain, n'auraient pu s'élever à plus de 70 à 80 pieds, hauteur qu'on peut regarder comme celle commune d'un chêne de 100 ans, venu isolément dans un terrain ordinaire.

D'ailleurs on sait que les dimensions de tous les végétaux varient selon la qualité des terreins où ils croissent. Le chêne, au terme de sa végétation

dans le terrein qui lui convient le mieux, c'est-à-
dire celui qui a de la profondeur, peut venir à 120
pieds de hauteur; et dans les terreins qui n'ont
point de fond tels que les terreins graveleux, etc.,
souvent, au terme de sa croissance, il ne dépasse
pas 50 pieds.

M. Chevalier a vu dans une futaie de 130 à 150
ans, des chênes étalons qui avaient passé 3 siècles.
Un de leurs bras offrait un volume égal à celui
des autres chênes de la futaie, c'est-à-dire des
branches aussi grosses elles-mêmes qu'un arbre
de 150 ans. De tels arbres, paralysés par les ans,
étaient bien faits pour inspirer une vénération re-
ligieuse.

Le même auteur rapporte qu'on abattit, en
1800, près Saint-Just, département de l'Oise, un
chêne tellement énorme, qu'on l'avait payé seul
1500 fr., le prix de 2 arpens de taillis de 25 ans.
On en voyait un de plus de 300 ans dans la forêt
de Montmorency, près la route de Saint-Prix, et
qui sûrement existe encore, que cinq hommes
pouvaient à peine embrasser, ce qui ferait 25 pieds
de circonférence; on en cite encore un, dans la
forêt des Ardennes, qui a 25 pieds de tour, et que
l'on va voir de fort loin.

Mais ce que l'on peut donner comme exemples
les plus remarquables des dimensions extraordinaires dans lesquelles cet arbre peut croître, c'est
un chêne du comté d'Oxford, en Angleterre, cité

par M. Plot, dans son Histoire Naturelle, dont les branches avaient 54 pieds de longueur, ce qui faisait, pour les deux côtés, plus de 100 pieds de développement. Il dit que 4,000 personnes pouvaient se mettre à l'ombre sous ces branches qui produisirent elles seules 25 cordes de bois à brûler.

Le chêne que Ray dit avoir vu en Westphalie, avait 130 pieds d'élévation, et le tronc 31 pieds de circonférence, 10 pieds de diamètre.

Enfin, un chêne mémorable qui, d'après le rapport de M. Chevalier, existait en Bohême jusqu'en 1747, époque à laquelle un ouragan terrible l'arracha. Il s'élevait à plus de 100 pieds de haut. Son tronc avait 9 brasses de pourtour, ce qui, en ne mettant les brasses, ordinairement de 6 pieds, qu'à 5 pieds à cause de la courbe, ferait 45 pieds de tour ou 15 pieds de diamètre.

On voit que le chêne est classé parmi les plus grands végétaux connus, et que sa hauteur ordinaire peut être de 120 pieds dans le terrein et le climat qu'il préfère.

Durée.

La durée commune de la vie du chêne est de 300 à 400 ans. Presque tous les auteurs qui ont écrit sur les forêts et sur les arbres, s'accordent sur ce point. Suivant l'opinion de quelques per-

sonnes, elle est de 5 à 600 ans. On assure que ce
fameux chêne de Bohême, dont il vient d'être
parlé, avait 500 ans.

La longévité des arbres ne peut être bien déter-
minée : elle dépend beaucoup du sol et du climat
où ils croissent. Cette remarque doit surtout se
rapporter au chêne, qui paraîtrait être un des arbres dont le terme de la vie est, pour ainsi dire,
illimité. Si nous en croyons le rapport de Pline le
naturaliste, qui nous dit qu'on voyait de son temps
(il vivait au premier siècle de l'ère chrétienne),
auprès de la ville d'Ilium, des chênes plantés par
Ilus, fils de Tros qui donna son nom à la fameuse
ville de Troie, qui prit ensuite celui d'Ilium, du
nom d'Ilus.

Il ajoute qu'on voyait encore, dans le même
temps, deux chênes qui avaient été plantés par
Hercule, ce qui constaterait une antiquité plus re-
culée. Le baobab, qu'Adanson a supposé, par des
calculs résultans d'inscriptions, capable de vivre
six mille ans, doit porter à croire ce récit de Pline.

Le chêne est indigène à la France ; mais, comme
nous avons remarqué qu'il vivait entre le nord et
les tropiques, tout autour du globe, il croît naturellement dans le centre et le midi de l'Europe,
dans l'Afrique et l'Amérique Septentrionale, à la
Chine et au Japon. Il fait le plus bel ornement,
comme le meilleur produit des forêts.

CULTURE.

Terrein.

Le chêne vient à peu près dans tous les terreins : on le voit former, presque partout, la masse des forêts ; mais il est des terreins qu'il préfère, et son accroissement et la qualité de son bois sont subordonnés à leur nature.

Les racines du chêne sont pivotantes et aiment à aller chercher, à une grande profondeur les sucs de la terre ; en conséquence les terreins qui ont beaucoup de fond , seront toujours ceux où le chêne prospérera le mieux.

Dans celui qui a peu de profondeur , le chêne n'y prend guère que la moitié de son accroissement ordinaire ; dans le terrein qui n'a point de fond , il ne produit jamais que du taillis.

Dans les glaises et les sables humides, le chêne vient très fort, mais le bois est gras ; dans les sables secs et le gravier, il vient beaucoup moins gros, mais le bois est dur et meilleur.

Où le chêne développe tout son accroissement et le bois a toutes les qualités, c'est dans les terreins un peu aréneux, moitié secs et humides , et qui ont beaucoup de profondeur. Ce sont ceux

dont on doit faire choix, si on en a la faculté,
pour la culture du chêne.

Exposition.

On sait par l'expérience que, dans le climat
où il croît, le chêne aime mieux la température
sèche qu'humide, parce qu'étant sensible à la gelée,
il en est saisi par les vapeurs que fixent toujours,
dans les premières régions de l'air, les endroits
aquatiques. Aussi voit-on le chêne dans tous les
endroits humides et gélifs, par conséquent,
ne pas venir dans tout son accroissement, bien
qu'il soit dans son climat et le terrein qu'il préfère.

Il convient, sur toute chose, pour la culture du
chêne, de choisir les terreins exposés à l'air sec,
en évitant ceux situés dans les fonds que les vapeurs qui y existent rendent toujours gélifs.

Le bois étant sensible à l'impression de l'air, la
manière dont il y est exposé pendant sa végétation
influe plus ou moins sur sa qualité ; par exemple,
il est plus tendre dans les vallées et les pays plats
que sur les montagnes. Il est aussi moins dur dans
les arbres en massifs que dans les arbres isolés,
que l'air frappe de tous côtés.

Semis.

On ne cueille pas le gland, on le ramasse lorsqu'il se détache de lui-même. On choisit les der-
niers tombés, qui, étant toujours mieux nourris
et plus sains, sont plus propres à former de bons
plants.

Semis en place.

Pour procéder aux semis en place, ce qui s'entend de ceux qu'on fait en grand sur le sol forestier même, on défonce le terrain à quinze ou dix-
huit pouces de profondeur, ou on lui donne deux
labours à la charrue, à deux mois environ d'in-
tervalle, pour que le friche puisse se consommer
dans la terre; cette première préparation faite, on
sème, soit à l'automne soit au printemps, les glands
à deux ou trois pouces les uns des autres, dans des
rayons parallèles, tracés à un mètre de distance;
on recouvre ensuite cette semence, qui ne doit
être enterrée que de trois à quatre pouces de profondeur.

La germination du gland, qui se fait peu après
sa récolte, semble indiquer l'automne comme le
moment le plus favorable pour son semis. Cependant on est plus souvent dans l'usage de semer
au printemps suivant, pour ne pas être exposé

aux chances défavorables de l'hiver , pendant lequel le gland peut être détruit par des gelées , auxquelles il est fort sensible , et par les animaux tels que les mulots et les sangliers , qui en sont avides. On est obligé alors de garder jusqu'au printemps le gland que l'on doit placer entre des lits de sable frais , en un lieu qui ne soit pas trop humide , afin qu'il ne puisse ni se dessécher ni entrer en fermentation, ce qui , dans l'un et l'autre cas, altérerait ses facultés germinatives. Il vaut encore mieux cependant favoriser en hiver le développement de la radicule , qui est le premier acte de la germination , que de le restreindre absolument, parce qu'alors le germe se dessécherait et périrait.

Semis en pépinière.

Lorsqu'on sème en pépinière , c'est pour avoir du plant propre à être transplanté. On fait un semis très dru , de manière à ce que le gland se touche à peu près. On peut y procéder en automne , parce que, ces semis , n'occupant que de petits carrés de terrein , il est plus facile de les couvrir pour les garantir des gelées, et d'en détourner aussi les animaux. Le chêne forme toujours une racine pivotante , qui en rend la reprise difficile. C'est pourquoi il convient de faire les semis en pépinière, dans un terrein qui ait sept à huit pouces de profondeur, un tuf de gravier impénétrable, ce plancher arrête la racine pivotante et oblige le plant à former des racines latérales qui sont nécessaires à la reprise. Au moyen de ces précautions , prises à la naissance du plant de chêne , on peut en faire de jeunes chêneaux propres à la transplantation , ce qui n'arrive pas à ceux qui ont crû dans une terre ayant de la profondeur.

Quelques agronomes pensent qu'on déterminera plus sûrement le plant à former de bonnes racines en retranchant des glands lorsqu'ils sont germés , la radicule ; par cette opération , la racine pivotante ne pourrait plus être produite , et elle obligerait l'autre partie du germe des racines à n'en former que des latérales.

Plantations.

On forme aussi fréquemment un sol forestier par les plantations que par les semis ; le terrein se prépare de la même manière que pour ces der-niers. On prend le plant à l'âge de trois et quatre ans, on rabat la tige à deux yeux du collet des ra-cines , et on le plante simple ou double , dans des rayons espacés comme pour les semis, et à la même distance les uns des autres, que ces rayons ont entre eux. On fait l'année suivante la culture de cette plantation, pendant trois, quatre et cinq ans, selon la manière dont elle prospère. Cette culture consiste en deux binages, l'un au printemps, l'autre en été ; un labour en automne et le remplacement en hiver des plants manquans ou malvenans. Dans les sables et les terreins secs, on plante en automne, et dans les terres grasses et humides, il faut ne planter qu'au printemps.

La même culture se fait au semis, sauf qu'on ne la commence que la seconde année de leur établissement, parce que ces plants ont besoin, pendant leur jeunesse, du friche qui les couvre, pour les mettre à l'abri de l'ardeur du soleil.

On peut, en même temps que l'on fait une plantation forestière, ainsi que les semis de glands, ensemencer le terrein en blé ou en avoine ; ces céréales ne nuiront ni au plant ni au semis pendant la première année, au contraire, elles les protégeront l'un et l'autre en abritant les jeunes pousses contre les froids du printemps et les chaleurs brûlantes de l'été, et on recevra par leurs produits un dédommagement des premiers frais de plantation.

Recepage.

A cinq ou six ans une plantation de chêne doit être recepée rez terre. Cette opération a pour but de former du corps de la racine une souche qui se fortifie en produisant plusieurs rejets ; ces bourgeons deviennent autant de corps d'arbres qui augmentent la masse du bois, et la plantation forme alors un sol forestier qui commence à être mis en usance, et pourra s'exploiter en coupe réglée.

Pour faire le recepage, il faut un instrument nommé herminette, qui puisse couper horizontalement, à fleur de terre et même un peu au-dessous de la superficie, s'il est possible ; on place derrière le plant un petit billot de bois pour recevoir le coup et éviter, par-là, l'écuissage de la jeune souche.

EXPLOITATION ET PRODUIT.

Le chêne forme en majeure partie la masse des forêts. Il s'exploite en taillis, en gaulis et en futaie, selon la nature du produit que l'on veut tirer.

Le nom de taillis indique l'état du bois, entre l'âge de 15 et 30 ans ; celui de gaulis, l'état du bois entre l'âge de 30 et 60 ans ; et celui de futaie exprime l'état d'un bois depuis l'âge de 60 ans jusqu'à 120 et 150 ans et plus. On distingue les différentes périodes d'années de chacun de ces trois états de forêts, par l'expression de jeune et vieux, ainsi on appelle jeune taillis le bois qui commence à entrer dans cet état, vieux taillis, celui qui est prêt d'en sortir pour passer à l'état de gaulis, et ainsi des autres. Depuis 1 an jusqu'à 15 ans, tout recru de bois s'appelle taille ; mais, dans cet état, il figure rarement dans les produits.

L'exploitation d'un bois, essence chêne, se fait,

ainsi que les autres essences forestières, en hiver, par l'abattage fait à la cognée sur souche et rez terre. On a particulièrement soin, en faisant la coupe, de ne pas endommager les souches qui doivent produire d'autres bois, et cette précaution est rigoureusement prescrite par les ordonnances et réglemens forestiers. L'abattage étant fait, on débite aussitôt les bois qui en proviennent, soit en bois de chauffage ou en bois de service, selon qu'ils y sont propres ou qu'on y trouve de l'avantage. On enlève ensuite tous ces bois de dessus le parterre de la coupe qui en doit être entièrement débarrassée à la fin du mois de mai suivant, afin de ne point nuire à la pousse du recru des souches qui doivent reproduire un nouveau bois, et renouveler ainsi, chaque fois que l'on fait une coupe, le sol forestier. On interdit rigoureusement le pâturage des bestiaux sur une nouvelle coupe, jusqu'à ce qu'elle soit défensable ; car la dent de tous bestiaux est mortelle pour un sol forestier nouvellement exploité.

On est dans l'usage constant, toutes les fois que l'on fait une coupe de bois quelconque, de réserver des brins de l'âge, qu'on appelle *baliveaux*, dans la proportion de dix par arpent. Ce nombre est le minimum que prescrit l'ordonnance, cette réserve se fait en outre de celle des arbres dit *modernes*, qui sont les baliveaux de la coupe précédente, et de celle des arbres dit *anciens*, qui sont les bali-

veaux âgés de plusieurs coupes. La réserve de tous
ces arbres qu'on n'abat que lorsqu'ils sont dépérissans, a pour but de les laisser venir dans tout
leur accroissement, afin d'obtenir du bois de grandes dimensions pour les constructions civiles et navales. Jusqu'à 5o ans, les souches du chêne repoussent toutes indistinctement; entre 5o et 100 ans,
la moitié périt ordinairement; et au-delà de 100
ans, la presque totalité ne repousse plus. Quelques
agronomes forestiers disent avoir éprouvé avec
succès *un moyen d'empêcher la destruction de ces
vieilles souches:* ce moyen consiste à les couvrir de
quelques pouces de terre sitôt après l'abattage,
afin de préserver les souches des premiers hâles du
printemps qui paraissent causer leur mortalité. Un
bon ouvrier pourrait couvrir plus de cent souches
en deux jours.

Il est difficile de déterminer d'une manière pré-
cise, la valeur des ventes de bois en superficie,
parce que cette valeur dépend des localités et des
débouchés de commerce qu'elles offrent. Dans les
pays où il y a peu de bois, il se vend très cher;
dans les pays de forêts, il est très bon marché.

Dans les endroits où les forêts ne sont point
d'une étendue considérable, et lorsqu'elles sont à
proximité d'une grande ville, le bois se vend très
bien, et le prix qu'on lui donne peut être considéré comme sa valeur moyenne. Ainsi, un bois
taillis de chêne pourra se vendre, à 20 ans, 1000 f.

l'hectare, le vieux taillis de 3o ans se vendra jusqu'à 1500 fr. l'hectare, un jeune gaulis de 4o ans, en bon état, se vendra de 1800 fr. à 2000 fr., et de 5o à 6o ans, il se vendra 3000 fr. l'hectare. Une jeune futaie de 70 à 80 ans, pourra se vendre 4000 à 6000 fr.; et une vieille futaie pourra valoir depuis 6000 fr. jusqu'à 10,000 fr. l'hectare.

Le produit, en nature, d'un hectare de bois, essence de chêne, dans tous les âges où on l'exploite, est indiqué dans le tableau du produit moyen des bois en matières, placé à la fin du traité du chêne..

UTILITÉ ET USAGE.

Bois à brûler.

Le chêne est celui de tous les arbres qui fournit le meilleur bois à brûler. Son extrême abondance dans nos forêts permet d'en faire une immense consommation pour le chauffage, sans qu'elle puisse nuire aux différens travaux commandés par l'économie domestique.

Le chêne brûle mal, parce qu'il contient beaucoup de phlegme et de parties aqueuses; mais il produit un feu ardent qui résulte de ce qu'il a un principe extractif et salin alumineux et sulfureux, qui combine puissamment chez lui le phlogistique. Aussi on reconnaît que, malgré son désagrément de mal brûler, il est le bois qui produit le plus de chaleur.

Usage dans les travaux d'arts.

Comme le chêne est le meilleur bois de chauffage, il est aussi le meilleur bois de construction. Les fibres ligneuses qui composent le corps du bois, ont une contexture serrée et parfaite, et sont d'une substance à-la-fois osseuse et coriace. Toutes ces qualités réunies donnent au bois de chêne cette propriété de force et de résistance grande et impérissable, que l'on recherche pour un nombre infini de travaux. Le bois de chêne, pour construction, se divise en trois classes; bois de brin ou de charpente, bois de fente et bois de sciage.

Bois de charpente.

On fait avec le chêne tous les bois de charpente employés aux constructions civiles et navales. Ces différens bois de charpente sont pour les bâtimens, la poutre, la poutrelle, la charpente proprement dite, la solive, le chevron, les bois bombés pour faire des dômes, des liens, des ceintres de toits, etc., etc.; et on en tire la plupart des pièces de bois qui servent à la construction des bâtimens de mer.

Bois de fente.

Le bois ainsi appelé est celui dont le droit fil le rend propre à être divisé par la fente et réduit en telle partie qu'on le desire et que les différens usages le réclament. Les diverses sortes de bois qui résultent de cette opération, se nomment bois de fente, et font partie de ce qu'on appelle dans les arts et le commerce, *bois débités.*

Tout bois débité est celui qu'on a divisé, soit par le sciage, soit par la fente. Le bois propre au sciage ne l'est pas toujours pour la fente, et le bois propre à ce dernier usage l'est toujours pour le sciage, parce qu'on peut fendre droit, à la scie, du bois qui n'a pas de droit fil; tandis qu'on ne peut destiner en bois de fente celui qui n'a pas de droit fil, ce qui rend toujours le bois de fente de premier choix dans le bois à débiter.

Les travaux auxquels s'emploie le bois de fente, exigent qu'il soit absolument dans cette nature de débit, parce qu'ayant à porter ou à plier dans ces différens usages, il a besoin de la force et de l'élasticité que lui donne la réunion de toutes les fibres longitudinales, d'un bout jusqu'à l'autre; c'est la faculté qu'il reçoit de la fente qui suit ces fibres, au lieu que la scie, obligée d'aller droit, tranche le fil qui est souvent divergent, ce qui ferait rompre le bois, dans les usages où il est destiné à porter ou à plier.

Ces diverses sortes de bois débité qu'on appelle *échantillons* sont : le bois à lambris, le bois à parquet, le bardeau pour couvrir les maisons champêtres; le merrein, ou bois à douvain pour faire les cuves, les seaux, les pipes, queues, demi-queues, muids, feuillettes, poinçons, bariques et tonneaux de toute espèce; le bois à cerceaux, le bois à éclisses, pour la fabrication des seaux, cribles, tambours, litres, hectolitres, et toutes les mesures de capacité; la latte, l'échalas, le treillage et les rais de roues de voitures.

Bois de sciage.

Le chêne est le bois dont le débit, en sciage, est le plus considérable; il s'en fait une grande consommation et un grand commerce, principalement dans la menue charpenterie, la menuiserie, et le gros de l'ébénisterie.

Les échantillons de bois débité en sciage sont :

La volige, la planche de toutes dimensions, le madrier, la membrure, le travelot, les battants, la contre-latte, la plate forme, le poteau et le chevron de sciage; on en fait des parquets de glaces, des armoires, des panneaux de portes, des lambris, des dormans battants et petits bois de croisées, des chambranles, des impostes, des persiennes, des limons d'escalier, des portes cochères, des appuis de boutique, etc., etc.

Écorce de chéne.

C'est avec l'écorce du chêne que l'on fait le *tan* qui sert à la fabrication du cuir. Pour que cette substance soit mieux imprégnée des sucs végétaux qui font sa propriété pour le tannage, on doit prendre l'écorce sur les jeunes chênes dans le premier mouvement de la sève et par un temps sec. On la pulvérise au moyen de moulins disposés à cet effet. Ainsi réduite, elle s'appelle du tan. Il s'en fait un très grand commerce dans les pays où on le fabrique, on a soin surtout de le tenir bien sec et de le préserver de la moindre humidité qui altérerait son extractif salin et oléagineux qui le rend propre au tannage des cuirs.

Le Gland.

Le gland, qui est le fruit du chêne, manque fréquemment, parce que les organes de la fructification, qui sont très sensibles au froid, sont exposés à être détruits par les gelées du printemps et autres intempéries. Mais lorsqu'il donne beaucoup, il présente une grande ressource dans les pays où on fait des élèves. Les chèvres, les moutons, les bêtes fauves s'en nourrissent, et surtout les porcs qui en sont très friands. Il donne au lard une qualité très estimée.

Le gland produit une farine fine qui sert à faire de l'amidon. On en tire aussi une huile à brûler qui dure plus long-temps que toute autre, et ne produit pas l'odeur désagréable des huiles animales. Quelques chimistes l'ont trouvé propre à fournir une teinture qui rougit beaucoup. Ces diverses propriétés du gland le font rechercher avec empressement; et son ramassage, qu'on appelle la glandée, est limité par des ordonnances et réglemens, afin qu'il ne puisse point nuire au repeuplement des forêts.

Le Gui.

Le gui est un végétal parasite, qui croît sur les arbres où il est implanté par l'émeutissement des oiseaux selon les uns, et par leurs becs selon les autres; sa végétation se fait aux dépens de l'arbre qui le produit, et de la saveur duquel il participe, ce qui motive le choix qu'on fait du gui venu sur tel ou tel arbre.

C'est avec les baies et l'écorce de cette plante, qui ont une viscosité tenace, que l'on fait la glu pour laquelle le gui de chêne est le plus estimé. La glu sert à prendre les oiseaux et à divers usages. On en fait beaucoup de cas en Toscane, où on l'emploie pour préserver la vigne de l'invasion de la chenille qui y est abondante ; on enduit les ceps de glu, les chenilles s'y attachent et meurent.

Propriétés en Médecine.

Toutes les parties du chêne sont astringentes, et c'est cette astriction qui est graduée selon les parties ou les productions de cet arbre qui lui donne des propriétés en médecine où les astringens sont d'un grand secours.

On lit dans le dictionnaire pharmaceutique, que la partie de l'écorce du chêne, comprise entre l'épiderme et l'aubier, est bonne au traitement de la goutte sciatique et des rhumatismes, étant employée en fomentation ; prise en décoction, elle est bonne contre le cours de ventre et les hémorragies. Selon le même auteur, la substance farineuse du gland a la propriété d'apaiser la colique ; les Flamands en prennent souvent dans du vin, pour apaiser celles que la bierre leur cause. Il ajoute, que les glands et leur cupules étant torréfiés, sont éprouvés contre la dissenterie.

Dioscoride et Matthiole attribuent les mêmes propriétés à la pellicule du gland, et disent que des glands mangés sont un remède contre la morsure des bêtes venimeuses, et que leur décoction, bue avec du lait de vache, est un contre-poison. Selon Gaspard Bauhin, au second tome de son Pinax, la décoction des feuilles arrête le vomisse-

ment de sang et dissout le sang grumelé; l'eau distillée des feuilles est souveraine contre la dissenterie désespérée, et l'eau distillée des feuilles, lorsqu'elles ne font que paraître, a, selon le même
auteur et Dioscoride, des propriétés souveraines
contre les maladies du foie et de la pierre qu'elle
dissout.

D'après Matthiole, le gui de chêne est estimé,
après celui du coudrier, contre l'épilepsie. Galien
rapporte que, tenant de l'air et non de la terre,
le gui est plus abondant en acrimonie qu'en amertume et qu'il est propre à altérer victorieusement
les humeurs grasses et visqueuses.

DU PRODUIT DES BOIS EN MATIÈRES.

Le bois de chauffage étant de toutes les marchandises que l'on retire des bois celle dont on
fait une plus grande consommation, on en fait
faire une plus grande quantité que de toute autre
sorte. C'est sur cette nature de produit que l'on
base le plus ordinairement, d'après le prix local,
l'estimation sur pied d'une coupe de bois dans ses
différens âges.

Voici le tableau approximatif du produit (pour
un hectare), des bois en matières sur les différens
sols et d'après l'âge de leur aménagement.

Les données qu'il présente sont le résultat des observations faites sur de nombreuses exploitations de

bois. Il existe bien des natures de terreins intermédiaires qu'il n'a pas été possible de prévoir, et qui doivent mettre dans les produits plus de variations qu'il n'en est indiqué dans ce tableau ; mais elles peuvent toutes se renfermer à-peu-près dans la donnée du produit moyen qui est la plus approximative que puisse offrir un tableau général.

La corde de bois dont il est ici question est celle dite *de vente*, de 3 pieds 6 pouces de buche, 8 pieds de couche et 5 pieds de hauteur.

AGES D'AMÉNAGEMENT.	PRODUIT sur les PLUS MAUVAIS SOLS.	PRODUIT sur LES MEILLEURS SOLS.	PRODUIT MOYEN qui fait celui DES SOLS ORDINAIRES.	OBSERVATIONS.
	cordes équivalant à 5 stères.	cordes équivalant à 5 stères.	cordes équivalant à 5 stères.	Ces données sur le produit des bois en matières sont basées sur celles des essences forestières qui forment communément la masse des forêts, avec compensation de celles qui produisent plus et de celles qui produisent moins.
à 15 ans.	3	10	6 1/2	
20	4	15	9 1/2	
25	6	22	14	
30	7	28	17 1/2	
35	8	36	22	
40	8	40	24	Quant aux menus bois tels que bourrées ou fagots, la quantité de leur produit dépend de l'âge de la coupe. De 15 à 60 ans un hectare de bois produira depuis 2000 jusqu'à 6000 bourrées en outre du bois de corde. Plus une futaie est âgée moins elle donne de ces menus bois, quoiqu'elle produise la plus grande quantité de bois de corde, souvent les plus belles futaies ne fournissent pas deux milliers de bourrées par hectare lors de leur exploitation.
50	6 1/2	55	30 3/4	
60	5	68	36 1/2	
70	3	80	41 1/2	
80	2	92	47	
90	1	96	48 1/2	
100		104	52	
120		115	57 1/2	
140		125	62 1/2	
150		128	64	
200		134	67	
250		122	61	
300		110	55	

On voit par ce tableau la grande influence de la qualité du terrein sur la végétation, puisque sur les

plus mauvais sols les bois ont un faible accroissement jusqu'à 4o ans, et sont arrivés à leur entier
dépérissement à 1oo ans, tandis que sur les meilleurs sols ils ont un accroissement très marqué
pendant 2oo ans et un dépérissement peu sensible
jusqu'à 3oo ans. On observera que ces différences ne
se trouvent pas en contradiction avec les remarques
faites généralement sur la vie de l'essence chêne,
par exemple, qui met le tiers de sa durée à croître,
reste dans le même état le second tiers et dépérit
pendant l'autre tiers, parce qu'il s'agit ici du meilleur
sol dans lequel tous les végétaux prolongent beaucoup leur accroissement et leur durée ordinaire.

Le produit moyen qui résulte de la comparaison
du produit sur les plus mauvais sols avec celui des
meilleurs sols, est véritablement le produit des
bois sur les sols ordinaires, c'est-à-dire ceux qui
ne sont ni des plus mauvais ni des meilleurs, et
ce sont ceux qui se rencontrent le plus fréquemment en général.

Cependant, on a plus souvent encore l'occasion
de balancer le produit des sols ordinaires avec
celui des meilleurs sols qu'avec le produit des plus
mauvais terreins, parce que ceux-ci ne donnant
que fort peu et quelquefois point de bois, finissent
par devenir nuls pour le sol forestier ordinaire.

HÊTRE. *FAGUS.*

DESCRIPTION.

Caractères génériques.

FLEURS MONOÏQUES.

Fleurs mâles, chatons sphéroïdes supportés par un filet ou pédicule flexible. Calice à plusieurs divisions. Huit étamines.

Fleurs femelles, renfermées dans un involucre quadrilobé dont la surface est garnie de petites épines. Deux loges avortent ordinairement. Le fruit d'une forme triangulaire est recouvert d'une peau lisse et cartilagineuse.

Le *genre* hêtre appartient à la famille des amentacées et à la 15ᵉ classe des végétaux, selon la méthode naturelle de Jussieu.

Il comprend deux espèces.

Le hêtre commun originaire de France.

Fagus sylvatica. (LINNÉ).

Le hêtre pourpre originaire de l'Amérique septentrionale.

Fagus purpurea. (LINNÉ).

Le hêtre commun est seul répandu dans les forêts de la France, dont il est, en divers endroits,
l'essence dominante.

HÊTRE COMMUN OU DES BOIS.

FAGUS SYLVATICA.

Caractères spécifiques.

Feuilles, alternes, ovales, fermes, glabres, dentelées et
cilicées à leur bord.

Floraison. Elle se fait en mai.

Fructification. Le fruit du hêtre est à sa maturité
en octobre.

Dans plusieurs pays, on désigne le hêtre sous la
dénomination de fau, fayard ou foyard. Les habitans des campagnes ne lui donnent guère d'autres
noms.

La culture du hêtre remonte à la plus haute
antiquité. Dans le territoire de Tusculum, il y avait
depuis long-temps une forêt plantée de cet arbre,
les Latins l'avaient consacré à Diane; leur vénération pour le hêtre était telle, qu'ils se servaient de
son bois pour former les vases destinés à la célébra-
tion des cérémonies religieuses. Pline rapporte qu'il
y avait à Rome un bois de hêtre, et que le quartier de la ville sur lequel il était planté se nommait Jupiter Fagutal du nom latin de cet arbre.

La nature, toujours magnifique dans ses créations, inépuisable et variée dans ses ressources, a donné un rival au chêne, c'est le hêtre; ces deux arbres vivent amis dans les forêts, et s'approchent sans se nuire.

Le hêtre ne possède pas cette beauté mâle et fière qu'on admire dans le chêne, il n'a pas comme lui cette énergie de formes, ces proportions vigoureuses et gigantesques qui lui font combattre le temps; mais, sans être totalement privé de ces dons de la nature, on voit en lui une majesté mêlée d'élégance et de grâce qui le fait aimer; sa tige, qui se divise quelquefois en plusieurs bras à peu de distance de la terre, lui donne une forme pittoresque qui charme les yeux. Elle est presque toujours entière et droite et bien proportionnée jusqu'à une grande hauteur. Les branches nombreuses qui partent obliquement de sa tige, s'étendent fort loin. Leurs belles ramifications, garnies d'un feuillage léger, joignent le charme de l'élégance au caractère grave que présente l'ensemble de cet arbre. Son feuillage est d'une grande richesse, sa tête touffue, et d'une forme assez régulière, s'élève majestueusement et présente une immense périphérie.

Le hêtre est l'arbre chéri des hameaux; le laboureur, après un long travail, vient se rafraîchir sous son ombre, et y déposer le poids du jour; ses branches hospitalières couvrent, dans les jours de fêtes, les danses naïves et les jeux innocens. Le pâtre

3

confie à son tronc les secrets de son cœur, il grave sur son écorce unie des emblêmes chéris qui survivent long-temps encore au sentiment qui les a inspirés.

VIE ET VÉGÉTATION.

La végétation du hêtre est vigoureuse dans les premières années de sa vie, surtout dans le sol qui lui plaît. Elle se ralentit comme celle du chêne, lorsque l'arbre approche du terme de son accroissement.

Climat.

Le hêtre vit dans les climats tempérés de l'Europe, et on le voit former quelques-unes des belles forêts de la France, telles que celles de Compiègne, de Villers-Cotterets, de Hez, aux environs de Clermont-sur-Oise et du département d'Ille-et-Vilaine. Dans les Pays-Bas, il peuple la superbe forêt de Soignes, près de Bruxelles.

Accroissement.

Le hêtre est, en quelque sorte, le rival et l'ami du chêne; à-peu-près égaux par la stature, ils croissent et vivent ensemble. On voit souvent ces arbres former des futaies qui s'élèvent à plus de 100 pieds de hauteur.

Malgré que le hêtre vienne communément aussi fort que le chêne, il ne fournit que rarement des exemples de dimensions aussi extraordinaires. On cite comme très remarquables des hêtres de 12 à 15 pieds de tour, tandis que l'on a vu des chênes dont la circonférence est de plus de 30 pieds. Le hêtre, en général, s'élance davantage que le chêne, et il croît plus en hauteur qu'en grosseur, ce qui dépend sans doute de la nature de ses racines qui sont minces et rameuses, et ne présentent souvent, dans de très gros arbres, qu'un simple chevelu. Aussi le hêtre est-il exposé à être entièrement déraciné par les grands vents qui en renversent quelquefois des futaies entières.

Ces accidens, cependant, n'arrivent guère qu'à ceux qui croissent sur les montagnes ou les coteaux exposés aux grands vents; dans les pays plats ou les vallées, ils en sont assez ordinairement préservés; ce qui fait remarquer que les hêtres, sur les montagnes, ne sont pas propres à former des futaies, mais bien des taillis qui n'ont rien à redouter des ouragans.

Durée.

Le hêtre, ordinairement, vit autant que le chêne; on voit dans les forêts de hêtres, des étalons de 200 à 300 ans. Cet arbre a les mêmes périodes de croissance et de décroissance; mais il ne paraît pas susceptible de rester aussi long-temps que le chêne dans l'état intermédiaire qu'entretient, dans celui-ci, la grande force nutritive des racines que n'a pas, à beaucoup près, le hêtre, et on ne le voit pas offrir comme le chêne des exemples de longévité aussi remarquables.

CULTURE.

La graine du hêtre qu'on appelle faîne, se sème d'elle-même et lève sans culture dans les forêts. On prend un très grand soin de la ramasser pour en faire une huile comestible; malgré cette consommation, il en reste toujours assez sous les feuilles, qui les dérobent à l'avidité des animaux. Dans les futaies de hêtres, et notamment dans les clairières, il se forme une grande quantité de plants qui suffiraient à l'entretien du sol forestier; mais ce jeune plant ne pouvant s'élever sous de grands arbres, on ne compte guère que sur celui qui vient dans les clairières où on trouve, en outre, du plant pour faire des plantations forestières.

Cependant, comme ces semis naturels sont soumis à des chances plus ou moins hasardeuses, on fait des semis à demeure ou en pépinière, pour faire des élèves.

Terrein.

Le hêtre aime les terres substantielles; il croît dans les terreins argileux mêlés de sable, et dans

les sables gras et frais. Ce n'est que dans les meilleures terres, et qui ont de la profondeur, qu'il
développe son plus grand accroissement.

Exposition.

Le hêtre se plaît sur le revers méridional et sur
la base des montagnes, il est cependant peu difficile sur l'exposition, car on le rencontre sur tous
les coteaux, dans les vallées et dans les plaines.

Semis en place.

Pour faire des semis en grand, c'est-à-dire en
place ou à demeure, on choisit le terrein qui est
le plus convenable au hêtre, on lui donne, comme
au chêne, un ou deux labours. On sème la faîne
dans des rayons espacés de 3 ou 4 pieds, et on
fait passer ensuite, par dessus, la herse qui enterre
suffisamment les graines, car elles ne réussiraient
pas si elles se trouvaient placées à une trop grande
profondeur.

On pourrait semer en automne, mais les mulots
et les oiseaux très avides de cette graine la dévore-
raient pendant le long cours de l'hiver. Ces in-
convéniens obligent de préférer le printemps pour
faire le semis de la faîne, que l'on ne peut conserver
jusqu'à cette saison que par les procédés employés
pour la conservation du gland.

Lorsque l'on veut semer la graine du hêtre en pépinière, dans le but d'en faire du plant, on répand les semences très dru sur une planche de terrein bien préparée, on l'enterre légèrement en mettant par-dessus une mince épaisseur de sable; le plant acquiert à la troisième année 8 à 10 pouces de hauteur, et c'est dans cet état qu'on l'emploie aux plantations. Si on a l'intention de faire des arbres à tige, on transplante alors ce jeune plant qu'on cultive dans les pépinières jusqu'à 7 ou 8 ans.

Plantations.

On prépare, pour les plantations forestières, le terrein de la même manière que pour les semis. On prend, à 3 ou 4 ans, dans les pépinières, le plant qu'on y a élevé, auquel on a soin de retrancher la racine pivotante; on le place à 3 ou 4 pieds de distance dans les rayons, et on lui fait ensuite la même culture qu'aux plantations de chêne.

On plante aussi de jeunes hêtres à tige de 7 à 8 ans; mais cette plantation, qui serait trop dispendieuse pour une forêt, ne se fait que dans les avenues ou dans les parcs pour former des quinconces et des massifs. Le hêtre souffre très bien le ciseau, et on l'emploie utilement dans la décoration des parcs qui sont ornés par des tontures en palissades.

EXPLOITATION ET PRODUIT.

On exploite le hêtre en taillis, en gaulis et en futaie; on ne commence à trouver de beaux bois de chauffage que dans les vieux gaulis et les futaies, qui produisent tous les bois de service et le bois de chauffage de quartier.

Le hêtre s'estime ordinairement à l'égal du chêne, et comme bois de chauffage il se vend quelquefois plus cher. Il s'exploite d'après les mêmes règles, et le sol forestier se reproduit également par le recru de la souche. Lorsque les futaies de hêtre sont vieilles, on arrache les souches en faisant l'exploitation, parce qu'elles ne pourraient plus reproduire de rejets, et, dans ce cas, on renouvelle le sort forestier, par des plantations de même ou d'autres essences. On a remarqué que le hêtre, lorsqu'il vient en futaie, est exposé à être déraciné et renversé par les vents; aussi arrive-t-il dans quelques forêts de hêtre, qu'on fait souvent de grandes exploitations de chablis, qui remplacent les exploitations ordinaires.

UTILITÉ ET USAGE.

Bois à brûler.

Le hêtre est un excellent bois de chauffage, et il s'emploie principalement comme combustible. On en fait un grand commerce pour cet usage. Il produit autant de chaleur que le chêne, dure moins au feu, mais il donne, sans pétiller, une flamme vive et claire, propriété que n'a pas le chêne. Cette qualité combustible le fait beaucoup rechercher. La promptitude de sa combustion le rend un chauffage un peu plus cher que celui de chêne, ce qui a fait dire que le hêtre n'est bon à brûler que sur des chenets dorés, mais on peut la ralentir en le couvrant de cendre, et le bois de hêtre peut produire aussi un chauffage économique.

Usage dans les travaux d'arts.

Le bois de hêtre contient beaucoup de parties d'air, ce qui donne une si grande activité au feu qui le consume. Il se compose de fibres ligneuses très courtes, qui ont peu d'humidité, ce qui fait que le bois a peu de liaison, d'élasticité et de nerf, aussi est-il fendant, cassant et sujet à s'échauffer à la moindre humidité. Cependant la contexture du bois est parfaite, elle est serrée et solide, la fibre ligneuse, quoiqu'étant fort courte, est dure et coriace. Le bois de hêtre, préservé de ce qui peut corrompre son nerf, c'est-à-dire l'échauffer, peut, à cause de sa bonne contexture et la dureté de sa fibre ligneuse, être encore employé à des travaux qui demandent de la résistance et de la force dans le bois. Par exemple, le hêtre pourra être propre à faire de la charpente s'il n'est pas à l'humidité, et s'il a été abattu un peu en sève, parce qu'alors le bois est plus nerveux.

Mais on n'emploie le plus ordinairement le hêtre, qu'à des usages plus appropriés à son essence et qui ne réclament point une grande force, ni une grande résistance dans l'écart du bois. C'est son grain serré, sa fibre ferme et courte qui donne à ce bois des propriétés recherchées dans un nombre infini d'usages, parce qu'il peut se débiter en de très petites parties, et surtout se corroyer sans faire d'échardes. Il se polit avec facilité et peut prendre, par la chaleur et la compression, la forme qu'on veut lui donner.

Le bois de hêtre s'emploie dans la menuiserie, l'ébénisterie, l'art du carossier, le charonnage, la sellerie, les constructions navales, l'art du tourneur, par les layetiers, dans la boissellerie et dans la gaînerie. On en fait des panneaux de glace, des échelles d'appartement, des marche-pieds de bibliothèque, des comptoirs, des étaux de bouchers, des tables, des armoires, des buffets, des coffres, des escabeaux, des brancards, des lisoirs et panneaux de caisse de voitures, des jantes, des carcasses de selles, des bâtières, des colliers de chevaux de harnois, des rames, la quille et les bordages des vaisseaux, des affûts de canons, des roulons de chaises, des balustres, des boîtes, des malles, des pelles, des sébiles, des gamelles, des

saunières, des égrugeoirs, des cuillères, des go-
berges, des cercles de cribles, des sabots, des bois
de galoches, des mesures de capacité, des seaux,
des douves de tonneaux, des pilons, des four-
reaux d'épées, des étuis à lunettes, des boîtes à
instrumens de mathématiques, etc., etc.

Les copeaux de hêtre sont propres à clarifier
les vins. On les emploie fréquemment à cet usage
que l'on nomme râpé.

La Faîne.

La faîne, qu'on appelle aussi *Fouesne*, est la
semence du hêtre; il ne donne ce fruit en grande
abondance qu'après 3o ou 4o ans, et n'en produit point quand la gelée le saisit au moment
de sa floraison. Sa fructification est souvent bi-
sannuelle comme celle du chêne. L'amande de
la faîne est une substance mucilagineuse dont on
fait une huile bonne à manger, qu'il faut conserver dans des cruches de grés, une année, et
tirer au clair deux ou trois fois pendant ce temps,
avant d'en faire usage.

Propriétés en médecine.

Selon Gaspard Bauhin, dans son *Pinax*, les
feuilles du hêtre étant mâchées, guérissent le mal
des gencives et des lèvres; étant employées en

gargarisme, elles sont bonnes contre les maux de gorge et ceux qui surviennent à la bouche. Il ajoute que ces feuilles étant pilées et appliquées, guérissent les inflammations, et que la faîne étant mangée, apaise les douleurs. Selon Mathiole et Gaspard Bauhin, la cendre de faîne employée en liniment est bonne contre les maladies de la pierre et de la gravelle, qu'elle fait sortir des reins.

CHARME. *CARPINUS.*

DESCRIPTION.

Caractères génériques.

FLEURS MONOÏQUES.

Fleurs mâles, disposées en chatons pendans, cylindriques. Écailles concaves, aiguës, huit à quinze étamines sous chacune. Anthères barbues au sommet.

Fleurs femelles, en chatons lâches, écailles lancéolées, aiguës, trilobées, renfermant deux ovaires couronnés d'un calice à quatre ou six divisions, dont deux latérales plus grandes; deux styles. Une noix monosperme, l'une des loges avortant constamment. (DESFONTAINES.)

Le *genre* charme fait partie de la famille des amentacées et de la quinzième classe des végétaux, selon la méthode naturelle de Jussieu.

Il comprend quatre espèces, parmi lesquelles nous citerons :

Le charme commun, originaire de la France. *Carpinus betulus.* (LINNÉ.)

Le charme houblon, originaire d'Italie.

Carpinus ostrya. (LINNÉ.)

On trouve le charme commun dans toutes les forêts de la France : il en compose aussi de très grandes parties.

CHARME COMMUN.

C A R P I N U S   B E T U L U S.

Caractères spécifiques.

Fruits, chatons composés d'écailles éparses, divisés en trois lobes dont celui du milieu est plus allongé.

Feuilles alternes, ovales et dentelées en scie.

Floraison. Elle se fait en mai.

Fructification. Le fruit du charme est à sa maturité en août.

Le charme est un arbre de moyenne grandeur, dont la feuille ressemble beaucoup à celle de l'orme et du hêtre. Les anciens le connaissaient sous le nom de *Carpin*; mais Pline et Théophraste paraissent l'avoir confondu avec l'érable, à cause des mêmes usages auxquels on employait leur bois. Ces deux auteurs le décrivent sous le même rapport.

Le charme tient un des premiers rangs dans nos forêts, où il se rend remarquable par l'agrément de sa verdure et la délicatesse de sa ramification ornée pendant tout l'été, d'une multitude de petites panicules vertes, qui présente sa fructification d'une manière très élégante.

VIE ET VÉGÉTATION.

Le charme croît vigoureusement dans sa jeunesse. La nature de sa végétation, la beauté de son feuillage et de sa verdure, lui donnent une grande importance dans nos jardins à la française, où il se prête, par la tonture, à toutes les formes qu'on veut lui donner. On en fait des boulingrins, des palissades, des pyramides, des colonnades, des portiques, des vases, etc., auxquelles formes son feuillage serré et garni du haut en bas, permet de donner une grande précision. On admire cette architecture de verdure dans les jardins construits sur les dessins de Lenôtre, qui présentent à Versailles un monument enchanteur de la splendeur de Louis XIV.

Climat.

Le charme croît dans les climats tempérés et ne paraît pas très sensible au froid.

Accroissement.

Le charme, dans nos massifs, ne s'élève guère qu'à 3o ou 4o pieds de hauteur. Contrarié par l'art, il est forcé de rapetisser sa nature et de borner son accroissement aux dimensions que lui prescrivent la serpe et le ciseau. Mais, livré à lui-même dans un terrein qui lui convient, il prend son rang parmi les plus beaux arbres des forêts. Son élévation égale celle du hêtre, auquel il ressemble par son feuillage, le poli de son écorce et sa couleur qui est d'un gris cendré ainsi que celle du hêtre.

Quand il arrive à l'état d'accroissement que lui permet la nature, le charme est un très bel arbre.

Le charme croît rapidement jusqu'à 30 ans; passé ce terme, la végétation se ralentit sensiblement : d'où il résulte qu'il est d'un meilleur produit en taillis, mais il devient plus beau étant seul de son essence.

Durée.

Le charme est un des arbres de longue durée, et assurément il est bien susceptible de vivre 200 ans, car l'on voit fréquemment dans les jardins faits par Lenôtre, de vieux troncs de charmille, qui datent de la création de ces jardins, et cet artiste célèbre vivait dans les premières années du règne de Louis XIV.

CULTURE.

Le charme se reproduit comme la plupart des arbres, par le recru de sa souche, et il se multiplie par ses drageons et par ses semences.

Les graines de charme se sèment d'elles-mêmes, et lèvent parfaitement sans culture. On trouve beaucoup de plants de charme dans les jeunes taillis où il y a des baliveaux de cette essence, qui répandent une très grande quantité de graines. Ce plant naturel est très propre à la transplantation, et on peut le faire servir aux plantations forestières et de pépinières, pour élever de la charmille, en le prenant à deux ou trois ans; mais comme cette ressource est précaire, on ne peut se dispenser de faire des semis de charme dans les pépinières.

Semis.

Après avoir récolté les graines en automne, on les sème aussitôt pour élever du plant, dans un terrein frais à l'ombre, que l'on a ameubli par un labour. On couvre d'un demi-pouce de terre ces graines dont la plus part lèvent au printemps et les autres l'année suivante. A l'âge de trois ans, le plant pourra servir aux plantations forestières, et celles qui se font dans les pépinières pour faire des arbres tige ou des élèves de charmille.

Plantations.

On fait les plantations forestières en essence charme, de la même manière que les autres plantations de ce genre, et on y fait la même culture, seulement on n'étête pas le plant. On fait au bout de cinq ans le recepage de la plantation, qui, après, n'a plus besoin d'entretien.

Pour élever de la charmille, on transplante les jeunes plants de semis que l'on place à un pied les uns des autres dans de petites rigoles alignées parallèlement ; à mesure que ces plants grandissent, on les palisse sur des gaulettes fixées horizontalement, afin de dresser leur tige et diriger latéralement leurs branches ; au bout de cinq ans de transplantation, cette jeune charmille aura 5 à 6 pieds de hauteur, et on pourra l'arracher pour en faire des palissades dans les jardins où on les plante dans des tranchées ouvertes dans la direction qu'on veut donner aux palissades. Il est nécessaire de continuer de maintenir cette charmille par un treillage, et alors on commence à en faire la tonture, qui se continue tous les ans.

EXPLOITATION ET PRODUIT.

Le charme vient en taillis, en gaulis et en futaie. On l'exploite dans ces trois états, mais plus communément dans ceux de taillis et de gaulis, parce que son accroissement étant très lent dans l'état de futaie, les produits n'en sont pas assez avantageux.

La qualité du bois de charme en fait une des premières essences forestières; et il se vend en superficie le même prix que l'essence chêne.

UTILITÉ ET USAGE.

Bois à brûler.

Le charme est estimé à l'égal du hêtre pour le chauffage, et il se vend quelquefois plus cher que le bois de chêne dans cet usage. C'est un bois plein qui brûle aisément, produit une flamme claire et tient très bien le feu. C'est comme bois à brûler qu'on en fait le plus de cas, et c'est en quoi consiste le principal produit de cette essence, qui se vend sur pied le même prix ordinairement que le chêne.

Usage dans les travaux d'arts.

Le bois de charme est compact, dur et pesant; son grain est blanc et fin; sa fibre ligneuse est ferme, et il est très liant. Avec toutes ces qualités, le bois de charme serait propre à un grand nombre de travaux, s'il n'avait pas le désagrément de se tourmenter et surtout de se fendre; cependant on l'emploie dans le charronnage, dans l'art du tourneur, dans la mécanique et dans la charpenterie et la menuiserie, quand on n'a pas d'autres bois.

On en fait des essieux, des civières, divers instrumens aratoires, des manches d'outils, des pieds de tables, des boules, des quilles, des dents de roues d'engrenage, des poulies, des mouffles, des moulinets, des chevrons, des chantignolles, des poteaux, des bâtières, des palonniers, des pieux ferrés, des maillets, des sébilles, des cuillères, des saunières, etc., et tous ouvrages qui n'appréhendent pas le jeu du bois.

CHATAIGNIER.

FAGUS. (Linné.)

CASTANEA. (Desfontaines.)

DESCRIPTION.

Caractères génériques.

FLEURS POLYGAMES.

Fleurs mâles, chatons très longs, composés de fleurs agglomérées ; calice à six divisions profondes, renfermant cinq à
vingt étamines.

Fleurs hermaphrodites, réunies au nombre de deux à trois
dans un involucre à quatre divisions et hérissé d'épines rameuses ; calice à cinq ou six feuilles placé sur le sommet de
l'ovaire, douze étamines stériles, cachées dans l'épaisseur d'une
substance cotonneuse ; six styles cartilagineux. Ovaire infère à
six loges ; deux ovules dans chacune ; une noix pointue, sans
valves, renfermant une ou deux graines. (Gærtner.)

Le *genre* châtaignier fait partie de la famille
des amentacées et de la quinzième classe de la

méthode naturelle de Jussieu. On n'en décrit que deux espèces, qui sont le châtaignier commun originaire d'Europe, et le châtaignier chincapin *castanea pumila*, originaire de la Caroline.

CHATAIGNIER COMMUN DIT CULTIVÉ.

CASTANEA VESCA.
(DESFONTAINES.)

Caractères spécifiques.

Feuilles alternes oblongues, lancéolées, terminées en pointes et dentelées en scie; dentelures acuminées.

Floraison. Elle se fait en juillet.

Fructification. Le fruit est à sa maturité en octobre.

Le châtaignier est cultivé en grand pour son fruit, presque partout, et il est une des plus utiles essences de nos forêts, dont il compose de très grandes parties.

VIE ET VÉGÉTATION.

Le châtaignier a une végétation forte et rapide dans sa jeunesse ; car, à 10 ou 12 ans, un jeune taillis produit déjà du bois de service.

Pline dit que le châtaignier est originaire de la

Sardaigne, d'où vient le nom de *glands sardiens* que l'on donnait chez les anciens, à son fruit. On lui donnait aussi le nom de *Lopimes* et de *gland de Jupiter,* mais plus particulièrement à celui que la culture avait perfectionné. Plusieurs auteurs pensent que le châtaignier composait une grande partie des forêts, dans les Gaules. Ils appuient cette opinion de ce que l'on voit en France beaucoup de constructions anciennes, et la plupart des vieux édifices, dont la charpente est en châtaignier, ce qui semble en effet démontrer que le châtaignier était une essence très répandue dans ces forêts, et qu'on employait communément son bois aux mêmes usages que le bois de chêne, qui n'était sûrement pas dominant alors dans ces contrées; car il est présumable qu'on l'aurait choisi de préférence. Quelques personnes pensent que la Gaule parisienne était autrefois couverte de futaies de châtaignier, dont paraissent être les restes, les bois de Montmorency, qui abondent en cette essence, et contiennent un grand nombre d'arbres mutilés par les siècles. On croit aussi qu'elle couvrait entièrement les plaines de la Beauce, et que le nom de la Châtaigneraie que portent différens endroits de ce pays, vient des forêts de châtaigniers qu'il y avait.

Climat.

Il habite les climats tempérés de l'Europe, et croît sur le sol de la France où on le rencontre, du midi au nord.

Accroissement.

Le châtaignier est un des arbres de grande stature ; mais lorsqu'il vient isolément, son accroissement est plus en périphérie qu'en hauteur. Son tronc à peu de distance de terre , se partage en de gros bras divisés eux-mêmes en plusieurs corps de branches qui s'étendent horizontalement à une grande distance. Dans cette disposition , le châtaignier devient un arbre énorme. Son tronc acquiert une grosseur prodigieuse. On a vu dans la forêt de Montmorency de vieux châtaigniers paralysés par les siècles , dont le tronc avait jusqu'à vingt-cinq pieds de circonférence; on voit encore par celui du mont Etna, cité par tous les auteurs, que le châtaignier est un des plus gros arbres connus , puisque dans l'intérieur du tronc de celui-ci que le temps avait creusé, un berger avait pu y construire une habitation pour lui et son troupeau, et que cent hommes à cheval avaient pu facilement se mettre à l'abri sous ses branches.

Durée.

Le châtaignier est un des arbres qui ont une grande durée, et il paraît qu'il peut vivre autant que le chêne. On donnait à ceux de la forêt de Montmorency que nous venons de citer, plus de 250 ans, et certainement l'énorme châtaignier du mont Etna devait avoir une bien plus grande vieillesse.

CULTURE.

Pour faire une châtaigneraie forestière, on peut semer les châtaignes en place ou en pépinière, pour élever du plant que l'on transplante à 3 ou 4 ans.

Terrein.

Le châtaignier vient à peu près dans tous les terreins ; il croît dans les terres fortes et humides et sur le sol caillouteux des montagnes, mais il préfère les terres sablonneuses qui ont beaucoup de fond ; cependant on voit dans les graviers secs et humides des côteaux, le châtaignier réussir beaucoup mieux que toute autre essence d'arbre. Bernardin de St.-Pierre paraît avoir remarqué cet arbre plus particulièrement sous ce rapport, lorsqu'il dit, dans ses Études de la nature : « Le châtai-

« gnier, dont le fruit est si savoureux semble ne
« croître aux lieux pierreux que pour remplacer
« les céréales qui ne peuvent y venir ».

Exposition.

Le châtaignier étant sensible au froid, réussit
mal dans les fonds qui sont toujours gélifs. Il convient de le cultiver en plaine ou sur les hauteurs,
attendu que les courans d'air qui s'y font sentir,
dissipent les vapeurs humides qui causent la gelée,
ce qui ne peut avoir lieu dans les fonds. La végétation du châtaignier atteint par la gelée, n'est
point interrompue, parce que l'aubier et l'écorce
recouvrent bientôt la partie qui en a été frappée,
mais le bois est endommagé, et cela n'arrive pas
aux châtaigniers qui croissent sur les hauteurs,
leur bois est toujours de meilleure qualité, et n'a
point de gelivure.

Semis.

Si on veut semer des châtaignes en place, on
sera encore obligé de choisir l'époque du printemps pour préserver ces semences des gelées et
des animaux qui pourraient les détruire pendant
l'hiver. Après que le terrein a reçu deux labours au
plus, on place les châtaignes deux à deux dans les
rayons mêmes de la charrue, en observant entre

les rayons de semis la même distance que pour
les autres semis forestiers.

On conserve pendant l'hiver les châtaignes des-
tinées aux semis, comme on conserve le gland et
la graine du hêtre, et les semis s'établissent pour
le châtaignier comme pour ces deux arbres.

Plantations.

Pour faire une plantation forestière en châtaigniers, on prend le plant dans les pépinières ou
dans les forêts, à l'âge de 5 ans; on l'établit et on
l'entretient comme les autres plantations dont il a
été parlé.

On élève les châtaigniers dans les pépinières,
jusqu'à l'âge de 8 ou 10 ans. Ce sont alors de jeunes arbres à tige, sur lesquels on greffe les variétés
de châtaigniers dont la culture a amélioré le
fruit, et que l'on plante ensuite dans les châtai-
gneraies. On peut planter de jeunes châtaigniers à
tige avant d'être greffés, attendu que cette opération peut être faite en place, mais il faut qu'ils
aient été élevés dans les pépinières, parce que les
diverses transplantations qu'ils ont subies, leur
ont fait faire les racines latérales, nécessaires à leur
reprise, qu'ont rarement ceux venus sans culture.

EXPLOITATION ET PRODUIT.

Le châtaignier vient à l'état de gaulis et de futaie, mais on l'exploite le plus ordinairement en taillis, depuis l'âge de 12 ans jusqu'à 30 ans, où on y trouve du cerceau, de l'échalas et du treillage qui rapportent beaucoup.

Dans ces différentes natures d'exploitation, le châtaignier se vend aussi cher que le chêne.

UTILITÉ ET USAGE.

Le châtaignier est classé parmi les bois durs. Dans sa jeunesse, son bois a moins de compacité que celui du chêne au même âge, mais sa fibre ligneuse est dure et extrêmement coriace. Etant jeune, il reçoit de cette propriété une grande flexibilité, et étant vieux, une force à l'épreuve des plus lourds fardeaux que puisse supporter le bois. Aussi est-il considéré comme un bon bois de construction, et nous avons vu que les anciens qui lui ont connu cet avantage, l'ont beaucoup employé à cet usage.

Les gelées extraordinaires font plus ou moins de tort à tous les arbres des climats tempérés, qui cependant n'en périssent pas. Mais le châtaignier ne pourrait y résister, et l'on prétend que la pres-

que totalité des hautes futaies de châtaigniers qui
existaient en France, a été détruite par la grande
gelée de l'année 1709, jusqu'à laquelle il y avait
en abondance de grandes futaies de châtaigniers
dont les arbres étaient assez gros pour pouvoir
faire de grandes charpentes. Il est certain que les
futaies de châtaignier, aujourd'hui, sont bien
plus rares, parce qu'on trouve trop d'avantages
à exploiter cette essence en taillis de différens
âges, pour la laisser venir en futaie.

Bois à brûler.

Le châtaignier semble avoir été créé plutôt
pour faire du bois de construction que du bois de
chauffage, car il pétille, brûle mal et produit de
mauvais charbon dans le feu, aussi on s'en sert
beaucoup moins comme bois de chauffage que
comme bois de service.

Usage dans les travaux d'arts.

On fait avec le châtaignier, quand on en rencontre de belles futaies, des bois de charpente dans
les mêmes échantillons que celles de chêne, et différens débits de sciage, tels qu'en trévoux, planches,
membrures, etc., pour la menuiserie, mais on
en fait le plus ordinairement de l'échalas, du
treillage et du cerceau; on règle les coupes pres-

que toujours pour ces usages, dans lesquels l'essence châtaignier fournit de grands revenus.

La Châtaigne.

Le fruit du châtaignier, dont on fait un grand
commerce, ne s'obtient pas de celui qui vient
dans les forêts, mais de celui que l'on greffe.

On cultive le châtaignier dans le Périgord, le
Limousin, l'Auvergne, le Dauphiné et la Franche
Comté, où son fruit, plus savoureux et plus gros,
se vend dans le commerce sous le nom de marrons
de Lyon, parce que cette ville en est l'entrepôt.
Dans quelques provinces où ces fruits sont abondans, les habitans s'en font une nourriture pendant une partie de l'année, et en nourrissent la
plupart des animaux herbivores, qui les mangent avec avidité. La châtaigne en général est astringente, mais cette qualité est modifiée par
l'usage du sel ou du sucre, c'est pourquoi, dans
les pays où on s'en nourrit, on la réduit en farine, dont on fait une sorte de bouillie et des
galettes excellentes qu'on assaisonne de sel. Lorsqu'on mange les châtaignes entières, elles sont
plus saines rôties que bouillies.

Pour conserver la châtaigne, il faut amortir
son principe végétal, sans quoi elle germerait et
perdrait sa qualité. Dans quelques pays on la fait
dessécher sur des claies à la chaleur du feu ou du

soleil , dans d'autres on les fait bouillir quelques instans, et on les fait sécher après au four, à une chaleur tiède.

Propriétés en médecine.

Dioscoride et Mathiole attribuent à la châtaigne des propriétés anti-vénéneuses; ils disent qu'étant pilées avec du miel et du sel, les châtaignes s'appliquent avec une grande utilité sur la morsure des chiens enragés. Selon Mathiole , la pellicule qui est dans l'intérieur de la châtaigne , étant prise dans du vin, au poids de deux drachmes, est fort efficace contre le flux de ventre immodéré et le crachement de sang. Mathiole et Galien disent que les châtaignes sont nutritives, mais que si on en mange trop elles ne sont pas bonnes à la santé, qu'elles font mal à la tête , resserrent le ventre et sont de mauvaise digestion. Dioscoride dit qu'elles sont assainies par la trituration.

FRÊNE. *FRAXINUS.*

DESCRIPTION.

Caractères génériques.

Fleurs polygames dioïques ou hermaphrodites. Calice nul ou très petit, corolle nulle ou à quatre pétales ; deux à cinq étamines ; un style ; un ou deux stygmates ; une capsule allongée, aplatie, à deux loges, terminée par une aile, et qui ne s'ouvre point ; graines peu nombreuses, suspendues à un filet.

(DESFONTAINES.)

Le *genre* frêne appartient à la famille des jasminées et à la huitième classe de la méthode naturelle de Jussieu. Il se compose d'une quinzaine d'espèces, parmi lesquelles on distingue :

Le frêne élevé, originaire de France.

Fraxinus excelsior. (LINNÉ.)

Le frêne à feuilles rondes, originaire d'Italie.

Fraxinus rotundifolia. (LAMARCK.)

Le frêne à fleurs, originaire de France.

Fraxinus ornus. (LINNÉ.)

Le frêne à une feuille, originaire de l'Amérique septentrionale.

Fraxinus monophylla.

Le frêne d'Amérique, originaire de l'Amérique septentrionale.

Fraxinus americana. (LINNÉ.)

Le frêne à feuilles de noyer, originaire de l'Amérique septentrionale.

Fraxinus juglandifolia.(LAMARCK.)

Le frêne élevé est particulièrement répandu dans les forêts de la France, dont il compose souvent des parties considérables.

FRÊNE ÉLEVÉ.

FRAXINUS EXCELSIOR.

Caractères spécifiques.

Fleurs nues et réunies en grappes, deux à cinq étamines.
Fruits, graines siliqueuses, émarginées.
Feuilles opposées, composées, folioles oblongues, lancéolées, légèrement dentelées.

Floraison. Elle se fait en avril, avant la naissance des feuilles.

Fructification. Les graines sont à leur maturité au mois de septembre.

La structure du frêne n'est pas sans majesté. Il fait partie des arbres de la plus haute stature; les anciens le cultivaient et employaient son bois aux mêmes usages que nous. Pline parle beaucoup de cet arbre, auquel il attribue de grandes propriétés anti-vénéneuses. Il dit que les sucs du frêne et notamment des feuilles, sont un contre-poison contre la morsure des serpens, ce que plusieurs auteurs ont avancé de même ; il attribue cette propriété à l'anthipathie des serpens pour le frêne, qu'il dit être telle que ce reptile aimerait mieux passer sur un brâsier ardent que sur les feuilles de frêne , ce dont il a fait l'expérience en entourant un serpent d'un cercle, dont une partie était formée de feuilles de frêne, l'autre de charbons ardens. Le reptile aima mieux passer sur le feu que sur les feuilles. Pline parle du frêne comme d'un merveilleux vulnéraire , et il dit qu'il n'y a pas dans la nature de spécifique comparable au suc de frêne pour la guérison des plaies et contre les venins ; voici le récit qu'il en fait , d'après ses propres expériences : « Le suc de « frêne , dit-il , est un puissant remède contre les « blessures des serpens ; il suffit d'en boire pour « être guéri. Il ne faut pour guérir une plaie, que « mettre dessus des feuilles de cet arbre. Je ne « crois pas que la nature produise rien d'un « aussi prompt et assuré secours ».

On a depuis Pline découvert d'autres propriétés au frêne, et on prétend que les Allemands lui ont trouvé un nombre considérable de vertus souveraines. (1) C'est le frêne qui fournit la *manne* si fréquemment employée en médecine. Elle est produite par la concrétion des sucs du *frêne à feuilles rondes*, que l'on recueille dans la Calabre et dans l'Orient. Les sucs de frêne qui sortent d'eux-mê-

(1) La description en est donnée tout au long par le père Schott Jésuite, dans son livre intitulé : *Joco seria naturæ et artis*. Nous indiquerons quelques-unes de ces propriétés sans les produire autrement que comme citation : « Le bois de « frêne porté sur soi et touchant la peau guérit la colique, le « cours de ventre et les histériques. Il arrête les hémorrhagies « et toutes sortes de pertes de sang, étant tenu dans la main « jusqu'à ce qu'il soit échauffé. Il empêche que la gangrène ne « se mette dans une plaie, et la guérit promptement, si on râpe « de ce bois dans de l'eau froide et qu'on en lave le mal plusieurs « fois par jour. En temps de maladie contagieuse, une cuil- « lerée de suc de frêne bue à jeun, met en état de ne craindre « ni les fièvres pourprées ni même la peste. Ceux qui craignent « d'être empoisonnés, n'ont qu'à boire avec une tasse, faite en « bois de frêne, le poison y devient sans force et sans mali- « gnité. En cas de poison, il n'y a qu'à boire du suc de frêne, « c'est un puissant antidote contre toutes sortes de venins. Le « suc de frêne éclaircit la vue et la fortifie, pourvu qu'on s'en « lave les yeux soir et matin. Ce même suc bu le matin, guérit « les douleurs de reins, fortifie le cœur et abat les vapeurs. Ce « suc mis chaud dans les oreilles, guérit la dureté d'oreille, la « surdité qui n'est pas invétérée, et les maux intérieurs d'oreille. « Le suc de frêne, bu le matin, guérit les maux de la rate, de « la pulmonie, de l'hydropisie, ceux qui sont attaqués de fièvres « malignes, de la petite vérole et de la peste. Dans les grandes « douleurs de tête un linge trempé dans ce suc bouilli avec « autant de vin et appliqué sur le front, calme la douleur. »

mes du corps et des branches de l'arbre et s'é-
paississent pendant la nuit, produisent ce que l'on
appelle *la manne en larmes*. Ceux qu'on obtient
par une incision faite sur l'écorce et se concrètent
de la même manière, fournissent *la manne grasse ou
manne en sorte*, mais qui est moins recherchée que la
première. On prétend que d'autres végétaux produisent, dans l'Orient, cette substance médicinale,
mais la manne que l'on recueille sur le frêne en
Calabre, est la plus estimée en pharmacie.

VIE ET VÉGÉTATION.

Le frêne vient très beau dans les vallées et les
lieux où le terrain est frais ; il croît avec rapidité
surtout dans sa jeunesse, et sa végétation est
prompte et vigoureuse. On voit fréquemment des
bourgeons de frêne sur souche, venir de 5 à 6
pieds de longueur dans une année. Le frêne prend
ses feuilles tard et les quitte avant les autres
arbres ; il en est quelquefois dépouillé dans le
cours de l'été, par les cantharides qui dévorent
ces feuilles auxquelles elles s'attachent particulièrement, parce qu'elles en aiment l'amertume.

Climat.

Le frêne croît dans les climats tempérés où il
préfère les lieux froids et humides.

Accroissement.

Le frêne pousse droit et sa tige , comme celle du hêtre , parvient à une grande hauteur sans branches ; ses feuilles composées ont beaucoup d'élégance ; son écorce grisâtre et lisse dans sa jeunesse, est plus tard graveleuse comme celle du chêne et du même ton de couleur , ce qui empêche de l'en bien distinguer dans les futaies. Le frêne produit un branchage gros et épais qui donne à sa tête une large périphérie, et il présente dans cet ensemble un des arbres les plus majestueux de nos forêts.

Il s'élève quelquefois au-delà de cent pieds de hauteur , et il vient aussi très gros : nous en avons vu dont le tronc avait plus de 12 pieds de circonférence.

Durée.

Nous ne connaissons pas d'exemples de longévité extraordinaire du frêne , cependant, par sa stature et la dureté de son bois , il paraît susceptible de durer long-temps : on nous a assuré qu'il peut vivre deux cents ans.

CULTURE.

Le frêne se reproduit par le recrû de sa souche, et il se multiplie par ses semences et de bouture.

Terrein et exposition.

Le frêné aime les terres substantielles et humides, il y développe tout son accroissement ; il ne
craint pas l'ombre et ne redoute pas le voisinage
des autres arbres.

Semis.

On fait des semis de frêne aussitôt qu'on a récolté les graines en automne. Elles lèvent sans
culture dans les bois, mais les semis sont toujours
un moyen plus sûr d'avoir du plant. On les fait
plus souvent dans les pépinières, pour faire des
élèves, qu'on ne les fait en grand sur le sol
forestier.

Plantations.

On prend le plant à trois ou quatre ans, pour
faire les plantations forestières qu'on établit et
cultive comme toutes celles de ce genre ; on les
recèpe à la cinquième année.

Le plant que l'on destine à faire des arbres
tige pour les plantations en ligne et en massifs , se
cultive jusqu'à dix ou douze ans, dans les pépinières. On greffe sur ces arbres à tige des frênes
étrangers, et on les prend à différens âges, selon
la nature de plantation qu'on veut faire ; mais il

ne faut jamais les étêter dans ce mode de plantation.

Boutures.

Lorsqu'on veut multiplier le frêne par bouture, on prend les petites branches terminales ; on en coupe le bout inférieur tout près des nœuds que forment les boutons, et on les place en terre tout près les unes des autres, de manière à ce qu'il y ait au moins deux yeux enterrés et deux yeux en dehors. On fait cette opération en automne, après avoir choisi et préparé le terrain convenablement. Ces boutures poussent l'été suivant ou la seconde année, mais c'est un moyen secondaire de multiplication qui ne peut pas suppléer assez avantageusement les semis.

EXPLOITATION ET PRODUIT.

On exploite le frêne en taillis, en gaulis et en futaie, et il se vend dans ces trois états aussi cher que le chêne et autres essences de première qualité.

UTILITÉ ET USAGE.

Le bois de frêne fait un excellent chauffage; il est compacte ; son grain fin prend un beau poli; ses filamens sont coriaces; il est liant et élastique.

Ces qualités qui le rendent propre à un grand
nombre d'usages, le font employer dans les travaux de bâtiment, dans le charronnage, dans l'art
du carrossier et du tourneur, dans la menuiserie,
dans l'ébénisterie, dans l'arquebuserie et autres
travaux d'arts. On en fait différens bois de charpentes, des jantes et des moyeux de roues, des
brancards, des trains de carrosse, des essieux,
des échelles, des charriots, des instrumens d'a-
griculture, des chaises, des balustres de rampes,
des sabots, des montures d'armes à feu, des rames pour la navigation, des ressorts en bois pour
les voitures, des cerceaux et des cercles de cuves,
etc., etc.

On a employé depuis long-temps le frêne dans
quelques ouvrages d'ébénisterie, mais on n'en avait
point encore vu d'aussi remarquables que ceux
qu'on a faits de son bois depuis quelque temps.

L'exposition des produits de l'industrie française, faite au Louvre en 1823, a offert beaucoup
d'ouvrages d'ébénisterie du dernier goût, faits en
bois indigènes français, dont la beauté faisait
oublier ceux fabriqués en acajou et autres bois
exotiques. Parmi les beaux meubles en bois indigènes qui ont mérité l'exposition, on remarquait
surtout ceux faits en bois de frêne. Ce bois qui
est plein et ronceux, est parfaitement madré. Le
poli qu'il prend facilement, lui donne une jolie
couleur citrine, et le nuance aussi richement que

l'acajou. Nous avons vu en bois de frêne des secrétaires, des commodes, des consoles, des fau-
teuils et divers meubles de boudoirs qui unissaient
la richesse et l'élégance. Ces beaux ouvrages ont
été produits par M. Werner, fabricant de meubles, à Paris, qui a reçu du gouvernement un
brevet d'invention et de perfectionnement. De semblables encouragemens étaient bien dûs à l'artiste
habile qui a su découvrir, dans les bois indigènes
à la France, des propriétés aussi utiles pour le
commerce, qu'intéressantes pour les arts.

Propriétés en Médecine.

Selon Mathiole, les feuilles du frêne prises en
infusion ou appliquées, guérissent les morsures
des vipères et servent de contre-poison à celles
des serpens, et la graine employée en breuvage, est salutaire contre les rétentions d'urine,
les douleurs de foie et l'hydropisie. Il ajoute que
la décoction de l'écorce des petites branches de
frêne, étant prise pendant quelques jours, guérit les enflures de la rate, et que le suc qui sort
du bois vert lorsqu'on le brûle, est bon pour
guérir la surdité, étant mêlé avec diverses substances.

Mais si le frêne offre, dans presque toutes ses
parties, des propriétés salutaires; la sciure de ce
bois est dangereuse. Mathiole et Dioscoride disent

qu'elle serait mortelle, si elle était prise en breuvage. Mathiole dit que si les bestiaux ont mangé
des feuilles d'if, dont les sucs sont mortels pour
eux, ils en trouveront le contre-poison dans les
feuilles de frêne, si on leur en fait manger.

ORME. *ULMUS*.

DESCRIPTION.

Caractères génériques.

Calice à quatre ou cinq divisions; corolle nulle; cinq à huit étamines; deux styles; péricarpe elliptique ou arrondi, aplati, bordé d'une membrane renfermant une graine placée au centre. (DESFONTAINES.)

Le *genre* orme appartient aussi à la famille des amentacées et à la 15ᵉ classe des végétaux, selon la Méthode naturelle de Jussieu.

Il contient plusieurs espèces, parmi lesquelles on remarque l'orme champêtre, originaire de France.

Ulmus campestris. (LINNÉ).

L'orme d'Amérique, originaire de l'Amérique Septentrionale.

Ulmus Americana. (LINNÉ).

L'orme champêtre, qui croît sur tout le sol de

la France, dans les forêts et dans les plaines, forme deux variétés.

ORME CHAMPÊTRE GRAVELEUX.

ULMUS CAMPESTRIS SURBEROSA.

ORME CHAMPÊTRE A LARGES FEUILLES.

ULMUS CAMPESTRIS LATIFOLIA.

Caractères spécifiques.

Fleurs sessiles et conglomérées, cinq étamines.
Fruits lisses et aplatis.
Feuilles alternes, doublement dentelées, base inégale.
Floraison, elle se fait en avril.
Fructification, le fruit est à sa maturité à la fin de mai suivant.

On désigne assez communément ces deux variétés d'orme, par la dénomination d'orme mâle et d'orme femelle, ce qui est une erreur, puisque les fleurs sont bisexuelles ou hermaphrodrites. Ces deux variétés sont fidèlement représentées dans l'ouvrage.

L'orme était cultivé chez les anciens; il en existait, du temps des Romains, une forêt en Souabe, de laquelle on prétend qu'est venu le nom de la ville d'Ulm, dérivé d'ulmus, nom latin de l'orme. Dioscoride qui a décrit les diverses propriétés médicinales de l'orme, dit que chez les anciens on en faisait cuire les feuilles tendres dont on se faisait une nourriture comme des herbes potagères. Pline, dans ses différens écrits sur l'orme, dit que les peuples anciens le cultivaient et l'honoraient. Ce naturaliste mêlant l'appât du merveilleux à l'exactitude de la science, raconte les faits suivans : il dit qu'un orme étant tombé près de l'autel d'une déesse sur lequel il penchait, se releva subitement de lui-même et fleurit tout-à-coup ; que, dans la ville de Philippe, un saule, et dans l'académie de Stagire, un peuplier blanc avaient offert le même prodige. Ces illusions furent reçues par les Romains comme autant d'augures favorables, et relevèrent leur courage abattu par plusieurs défaites.

L'orme est d'un très bel aspect, il s'élève fort haut sur une tige droite qu'entoure un magnifique branchage, mais très souvent, lorsqu'il est entièrement livré à lui-même, son tronc se contourne ou se divise en bras énormes garnis eux-mêmes de branches divergentes qui lui donnent une vaste périphérie.

VIE ET VÉGÉTATION.

Les fleurs de l'orme, qui paraissent avant la naissance des feuilles, font, par leur extrême multitude sur chaque branche, autant de rameaux fleuris qui ne sont pas sans élégance ; à ces fleurs succède bientôt un aussi grand nombre de petites graines membraneuses, d'abord vertes, ce qui les fait prendre pour des feuilles naissantes, elles deviennent ensuite de couleur roussâtre, et c'est l'état de leur maturité qui arrive encore avant l'entière feuillaison de l'arbre; ces graines, qui se détachent de suite, se sèment au loin et lèvent aussitôt si le sol qui les a reçues est humide. L'orme fournit l'exemple d'un arbre qui a fleuri, fructifié, muri sa graine et en a souvent produit des jeunes plants avant que les feuilles aient eu le temps de paraître.

On voit que l'orme doit être classé parmi les arbres dont la végétation est la plus rapide, elle est aussi très vigoureuse, notamment dans sa jeunesse, on voit souvent des bourgeons d'orme s'élever dans une année à 6 et 8 pieds de hauteur, et former, dans l'espace de 5 ans, un arbre de 2 ou 3 pouces de diamètre, et 20 ou 25 pieds d'élévation. Quoique cette crue rapide ne se manifeste que dans les terreins où l'orme se plaît le mieux, sa végétation est généralement très active, elle doit résulter de la grande abondance de ses racines qui s'étendent quelquefois sur la superficie du terrein jusqu'à 150 pieds du corps de l'arbre, ce qui rend le voisinage des ormes très nuisible aux terres en culture que ces racines épuisent beaucoup.

Climat.

L'orme croît dans toutes les parties de la France, dont il est originaire. On le rencontre en abondance dans les climats tempérés de l'Europe, il croît aussi au midi et dans les contrées septentrionales.

Accroissement.

L'orme est un des arbres susceptibles du plus grand accroissement, soit en circonférence, soit en élévation. On le voit dans son état ordinaire, aussi grand et aussi gros que les autres espèces d'arbres, et il produit souvent des sujets d'une dimension peu commune. Plusieurs voyageurs nous ont dit avoir vu fréquemment dans les vallées de la Suisse, des ormes que 5 hommes pouvaient à peine embrasser. Quelques auteurs qui ont parlé dans leurs ouvrages, d'arbres de dimensions extraordinaires, en ont cité de l'essence orme dont les uns avaient une tige de 16 pieds de circonférence, et d'autres 80 pieds de hauteur, sans branches ; avec une semblable tige ceux-ci pouvaient bien avoir une élévation de près de 120 pieds jusqu'à leur sommet ; et enfin un orme dont le tronc avait 34 pieds de circonférence ou 12 pieds de diamètre.

Les ormes dont les racines sont très voraces, ne prennent guère cet accroissement prodigieux que lorsqu'ils croissent isolément dans le terrain qu'ils préfèrent, parce qu'ils se nourrissent sans partage des sucs de la terre et de l'influence de l'air nécessaire à leur brillante végétation.

Par cette raison, les ormes se plaisent moins en

taillis et en futaies que les autres arbres, et ils composent moins souvent des masses de bois. Mais ils réussissent mieux qu'aucune autre espèce d'arbres dans les plantations où ils doivent être éloignés les uns des autres, aussi l'orme est véritablement l'arbre par excellence pour les plantations en quinconce et en avenues.

Durée.

Plusieurs auteurs prétendent que l'orme a terminé sa croissance à 70 ou 80 ans, et que 100 ans est le terme de sa vie. A cet égard, il en est de l'orme comme de tous les grands végétaux dont le terme de l'accroissement et la longévité dépendent du terrein et du climat où ils vivent. On voit encore, dans quelques campagnes, des ormes plantés par les ordres de Sully, et qu'on appelle, de là, des *Sullys*, ce qui fait un laps de temps de plus de 200 ans; c'est l'âge qu'on a donné à plusieurs des ormes qui viennent d'être cités, et qui n'avaient pas encore, à beaucoup près, atteint le dernier degré de leur accroissement. On voit que l'orme peut vivre au-delà de 200 ans.

CULTURE.

Terrein.

L'orme est très peu délicat sur la nature des terreins, il vient partout, mais sa croissance est plus belle encore dans les terres substantielles et qui ont du fond.

Semis.

L'orme se multiplie par ses graines et par ses racines qui produisent une grande quantité de bourgeons que l'on peut transplanter; on fait moins souvent des semis en place, c'est-à-dire sur le terrein dont on veut faire un sol forestier, que dans les pépinières. Aussitôt que les graines sont tombées, on les répand sur une planche de terre bien labourée, on les recouvre d'une couche de terre légère d'environ un demi pouce d'épaisseur, et au bout de 2 ans, elles donnent une grande quantité de plant propre aux plantations forestières.

Il est peu d'arbres qui produisent autant de variétés, par leur semence, que l'orme. On voit des plants obtenus par le semis d'une même espèce de graine, dont les feuilles ont, par gradation, depuis 6 lignes de longueur, jusqu'à 4 et 5 pouces; ces variétés se perdent pour la plupart dans l'accroissement.

Les plants qu'on destine à faire des ormeaux et des ormes à tige, se transplantent dans la pépinière où on les élève jusqu'à 4 et 5 ans pour les ormeaux, et 8 à 10 ans pour les ormes à tige.

Plantations.

On prend le plant d'orme à l'âge de 2 ou 3 ans, pour faire une plantation en forêt, à laquelle on procède de la même manière et on fait la même culture qu'aux autres plantations forestières : on en fait aussi le recepage à 5 ou 6 ans.

Les ormeaux servent à faire des plantations en massifs et en palissades, dans les parcs et dans les jardins.

C'est dans les plantations des routes où l'orme est surtout un arbre utile. Il fallait, pour cet usage, une espèce d'arbre assez peu délicate pour n'avoir point à souffrir des innombrables variétés de terreins et du plus mauvais sol que doit nécessairement rencontrer une grande ligne qui parcourt beaucoup de pays, de même qu'il fallait aussi une essence dont le branchage rameux et la végétation rapide et vigoureuse puisse donner promptement un ombrage épais. On ne pouvait trouver ces qualités plus réunies que dans l'orme qui, de temps très ancien, fut choisi presqu'exclusivement pour la plantation des routes dont il fait l'ornement.

Pour ces plantations, on prend des ormes à tige de 8 et 10 ans, élevés dans les pépinières, et on les plante d'alignement dans une tranchée défoncée à 18 pouces de profondeur, après les avoir étêtés à 7 à 8 pieds de hauteur.

6

Si l'orme est le plus vorace de tous les arbres, il est aussi le plus facile à cultiver; on peut le transplanter depuis l'âge de 1 an jusqu'à l'âge de 15 ou 20 ans; il n'est pas d'arbre qui reprenne plus facilement et il est aussi rare d'en voir manquer, qu'il est rare de voir réussir certaines espèces. Nous avons, nous - mêmes, fait transplanter des ormes qui avaient 20 ans, et qui ont repris sans balancer. Evelin dit avoir transplanté avec succès un orme jusqu'à 10 fois, malgré que le tronc fût de la grosseur d'un homme.

EXPLOITATION ET PRODUIT.

L'orme peut former un sol forestier d'un grand prix, et cette essence est placée parmi les bois de première valeur; on l'exploite en taillis, en gaulis et en futaie et il se vend dans chacun de ces états le même prix que le chêne.

Les ormes ne venant très forts que lorsqu'ils croissent isolément, ce sont ceux qui viennent dans les plaines, dans les avenues et sur les routes qui fournissent le plus beau bois de chauffage, et la plupart des bois de service. On n'abat ces ormes le plus ordinairement que lorsqu'ils commencent à dépérir, ou lorsqu'ils ont à-peu-près parcouru la carrière de leur accroissement, parce qu'on les arrache pour les remplacer par de nouvelles plantations. Ces arbres se vendent alors à la pièce; le

prix que chacun peut valoir dépend de sa grosseur. On a vu des ormes énormes se vendre jusqu'à 700 fr. la pièce : c'est-à-dire l'arbre tout entier; et d'autres ne valoir, au bout de leur carrière, que 60 fr. On en voit assez communément
se vendre de 100 à 200 fr., ce qui peut composer
la valeur moyenne d'un orme ordinaire de belle
venue.

UTILITÉ ET USAGE.

Bois à brûler.

L'orme, qui est plein et dur, produit un très
bon bois de chauffage, il tient au feu, donne beaucoup de chaleur, et il est estimé, pour cet usage,
autant que le bois de chêne.

Utilité et usage dans les travaux d'arts.

Le bois d'orme est pesant, sa fibre ligneuse est
coriace et serrée, il est liant et d'une très grande
force. Il est propre à un grand nombre d'usages
qui demandent de la résistance dans le bois. On
l'emploie dans le charronnage, dans l'art du carossier, dans la charpenterie, dans la menuiserie, dans
l'artillerie, dans les ouvrages hydrauliques, dans le
pilotage, dans les constructions navales et autres
travaux divers. On en fait des essieux, des lizoirs
et limons de voitures, des charriots, les jantes et

les moyeux des roues, des timons, des armons, des poutres, des solives, des chevrons, des tables, des fûts de canons, des tuyaux de pompes, la carêne des vaisseaux, des treuils, des vis de pressoir, des roues d'engrenage, des poulies, des sabots, des gros meubles de cuisine, etc., etc.

L'Exposition des produits de l'Industrie française faite en 1823, au Louvre, a offert, parmi les ouvrages d'ébénisterie faits en bois indigènes, des meubles d'une grande beauté, fabriqués en placage d'orme. Ce bois, d'un grain fin et d'une couleur roussâtre tirant sur celle de l'acajou, reçoit, avec le poli, un ton d'une suavité et d'une grâce parfaites. Il est surtout veiné d'une manière remarquable, à l'endroit des racines et des nodosités de la tige que l'on choisit, ces nuances jointes à la richesse de son ton de couleur, donnent à son placage un grand éclat.

Dans quelques pays, avec l'écorce intérieure de l'orme, appelée le *liber*, on fait des nattes et des cordes pour les puits. Les feuilles et les jeunes bourgeons de l'orme qui contiennent un mucilage doux et nutritif sont beaucoup recherchés des chèvres, des vaches et des moutons qui les mangent avec avidité. On s'en sert très utilement pour la nourriture de ces bestiaux qu'ils engraissent promptement.

Propriétés en médecine.

Selon Matthiole, le liber de l'orme ou l'écorce intérieure qu'on appelle aussi *teille*, guérit les plaies et résout les tumeurs, étant appliqué et employé en ligament; la décoction de cette écorce, faite avec les feuilles et les racines de l'orme, est bonne pour la guérison des os rompus, et pour cicatriser les plaies, étant employée en forme d'emplâtre. Galien, cité par Matthiole, attribue à la racine les mêmes propriétés; ce dernier ajoute que l'écorce, seulement machée et appliquée sur une plaie, y porte un grand secours. Selon le même auteur, la décoction des feuilles est bonne pour la guérison des enflures des pieds, et l'eau appelée *baume d'ormeau*, que contiennent les galles qui se forment sous les feuilles d'orme, est un remède souverain aux ruptures des intestins et aux descentes des enfans, en imbibant de cette liqueur les linges dont on les enveloppe et qu'on applique sur le mal. Dioscoride dit que la vermoulure d'orme saupoudrée est spécifique pour la guérison des ulcères malins et corrosifs.

BOULEAU. *BETULA.*

DESCRIPTION.

Caractères génériques.

FLEURS MONOÏQUES.

Fleurs mâles en chatons cylindriques, pendans. Chaque fleur composée de quatre écailles portées sur un pédicelle commun, dont une extérieure terminale attachée par le centre, en forme de bouclier; les trois intérieures membraneuses, concaves, plus petites. Environ douze étamines adhérentes au pédicelle; anthères à une loge, s'ouvrant par un sillon longitudinal.

Fleurs femelles disposées en chatons grêles. Écailles ovales, imbriquées; deux ou trois fleurs sous chacune; ovaires comprimés, à deux loges, surmontés chacun de deux styles grêles; péricarpe mince, bordé d'une membrane, à deux loges monospermes, dont une avorte communément. Les écailles du chaton persistent, croissent après la floraison et tombent à l'époque de la maturité. (DESFONTAINES.)

Le *Genre* bouleau appartient à la famille des

amentacées et à la 15ᵉ classe des végétaux, selon la Méthode naturelle de Jussieu.

Il se compose de 8 à 10 espèces, parmi lesquelles on remarque, dans les forêts :

Le bouleau blanc, originaire de France.

Betula alba. (LINNÉ).

Le bouleau noir, originaire de l'Amérique Septentrionale.

Betula nigra. (LINNÉ).

Le bouleau à feuilles de peuplier, originaire de l'Amérique Septentrionale.

Betula populifolia.

Le bouleau blanc est un des arbres les plus répandus dans les forêts de la France. Il en compose fréquemment de très grandes parties.

BOULEAU BLANC.

BETULA ALBA.

Caractères spécifiques.

Fruits strobiles ou chatons écailleux , pédoncule du fruit très allongé ; écailles dont les lobes sont arrondis.

Feuilles alternes, deltoïdes, glabres et doublement dentelées.

Floraison, elle se fait en mai.

Fructification, le fruit est à sa maturité en septembre.

Le bouleau est très remarquable, dans nos forêts, par le blanc pur de son écorce lisse et sati-
née. Bernardin de St.-Pierre (1), en remarquant
que les bouleaux croissent abondamment dans les
pays les plus froids, voit, dans cette extrême blancheur de leur écorce, un acte de la prévoyance
de la nature, parce que cette couleur, en réflé-
chissant les rayons du soleil, adoucit l'âpreté de
la température de ces climats; cet arbre était connu
chez les anciens : Pline le décrit par ce caractère
saillant. Sans avoir un aspect majestueux, le bouleau a un port agréable, sa tige élevée et droite se
garnit de branches très rameuses dont les filets
allongés et pendans lui donnent une forme élégante.
Il est très important dans nos forêts par son abondance et la valeur de ses produits.

VIE ET VÉGÉTATION.

Le bouleau a une végétation très vigoureuse
dans sa jeunesse. Dans les mauvais terreins, cette
vegétation, sans s'arrêter, est plus lente, mais vi-
vace. Dans les terreins qui plaisent le mieux au
bouleau, elle a une rapidité extraordinaire; dans
un bon sol, on voit souvent, et nous en avons fait
l'expérience, de jeunes plantations et de jeunes
recrus sur souche, s'élever, en 5 années, à 25 pieds

(1) Etudes de la nature.

de hauteur, et produire des tiges de 4 et 5 pouces de diamètre. Dans les terres médiocres, le bouleau fait à-peu-près la moitié de cette croissance, ce qui fait toujours une très belle végétation, et l'on peut dire la plus active que puisse y avoir aucun arbre.

Climat.

Quoique le bouleau soit originaire de la France, il habite le nord de l'Europe, dont il compose une immense partie des forêts, et supporte les froids les plus rigoureux. Ce n'est que dans ces contrées qu'il prend tout l'accroissement dont il est susceptible; on le trouve au Kamschatka, dans la Laponie, dans la Finlande et jusque dans les contrées glacées de la Sibérie, de la Norwège, de l'Islande et du Groënland.

Accroissement.

Dans les climats tempérés, le bouleau a une stature moyenne, la hauteur à laquelle il parvient ordinairement, peut être de 60 pieds. Aussi est-il mal placé avec les autres arbres en futaie, à la hauteur desquels il ne peut s'élever, parce qu'ils finissent par l'étouffer lorsqu'ils prennent le dessus; il ne peut bien réussir que lorsqu'il est seul de son espèce; mais dans les pays froids, où il se plaît particulièrement, il prend le plus grand accroissement et vient dans des dimensions qui surpassent souvent celles des arbres des autres climats.

Bernardin de St.-Pierre dit que c'est sur le bord des lacs des contrées septentrionales que croissent ces énormes bouleaux, dont il ne faut que l'écorce d'un seul arbre pour faire un grand canot. Nous ne saurions décider s'il a entendu parler du bouleau blanc ou du bouleau noir qui vient aussi dans le nord. Celui-ci y vient très gros, et quelques auteurs l'ont appelé l'arbre à canot. Mais comme il parle du bouleau blanc comme composant une grande partie des forêts du nord, ce peut être de cette espèce dont il a indiqué ces remarquables proportions végétales. Toujours il est certain que les bouleaux viennent, dans les contrées septentrionales, dans des dimensions dont ne peuvent offrir d'exemples ceux des climats tempérés.

Durée.

Le bouleau ne paraît pas susceptible de vivre très long-temps. Comme son bois est plus dur et plus nerveux dans les pays froids, il peut y doubler la durée qu'il a dans les climats tempérés, où on ne le voit guère atteindre 50 à 60 ans sans dépérir. Nous disons qu'il peut doubler sa durée dans le nord, comme en effet il n'est pas rare de voir des grands végétaux offrir des exemples d'une

semblable différence de longévité, par la différence
du sol et du climat où ils croissent.

CULTURE.

On obtient plus souvent encore du plant de
bouleau par les semis qui se font d'eux-mêmes,
que par les semis artificiels, parce que la graine
qui tombe après la maturité se sème au loin et lève
très facilement dans les bois où elle produit, surtout dans les terreins un peu frais, une quantité
considérable de plants qui s'augmente ou se renouvelle chaque année. Pour récolter la graine du
bouleau, on coupe les petites branches auxquelles
les chatons sont attachés avant la maturité de ces
semences, qui tomberaient si on attendait plus
tard. On les expose au soleil où elles achèvent de
se mûrir, et ensuite on les bat sur un drap ou
sur un plancher.

Terrein.

Le bouleau n'est pas délicat sur la nature du
terrein; il vient dans les terres humides, les sables
secs, sur le gravier et sur les coteaux et les montagnes arides où il réussit bien. Les terreins qu'il
préfère sont les sables gras et frais.

Exposition.

Quoique le bouleau vienne ordinairement à toute exposition, il préférera cependant celle du nord dans les climats un peu chauds.

Semis.

On établit plus souvent un sol forestier de bouleau par une plantation que par des semis, qu'on ne fait ordinairement que dans les pépinières, pour élever du plant. On choisit une terre douce, exposée au nord; après l'avoir préparée par un labour, on y répand abondamment la graine que l'on recouvre d'une mince épaisseur de terre légère. A deux ou trois ans, le plant peut servir aux plantations forestières.

Plantations.

Il suffit pour faire une plantation de bouleau de donner à la terre un labour de 8 à 9 pouces de profondeur. On place à trois ou quatre pieds sur tous sens le plant qui doit être de bonne venue, mais il convient mieux de ne pas le rabattre, comme on le fait à la plupart des autres plants forestiers. L'entretien d'une plantation de bouleau n'est pas très dispendieux; on peut, si cette essence est placée dans un

terrein qui lui plaît , n'en faire la culture que pendant deux ou trois années, mais elle devra se prolon-
ger deux années en plus dans les terreins de mauvaise qualité. Quoique le recepage ne soit pas aussi
indispensable que pour une plantation de chêne ,
il sera cependant avantageux de le faire, parce qu'il
fera produire aux jeunes souches plusieurs rejets
qui prendront chacun autant de force que le brin
unique qu'on aura coupé , ce qui augmentera le
produit.

EXPLOITATION ET PRODUIT.

On ne peut guère utiliser plus lucrativement un
terrein qu'en le plantant en bouleau. A 10 ou 12
ans le bouleau produit du bois à cerceaux, déjà
du gros bois à cotterets pour le chauffage des fours,
et de la brindille pour la fabrication des balais.
Dans certains pays on exploite fréquemment les
taillis de bouleaux à cet âge; mais on règle le plus
ordinairement les coupes de cette essence en taillis
de l'âge de 20 à 30 ans.

Si on exploite dans l'état de gaulis, on a de
beau bois de chauffage et différens bois de service.
On trouve en plus grande quantité les mêmes bois
dans l'état de futaie dans lequel on exploite plus
rarement. Comme les prix auxquels peuvent se
vendre les coupes de bois sur pied dépendent des
localités par les débouchés de commerce qu'elles

offrent, il est difficile de pouvoir bien indiquer la valeur d'une coupe de bouleau dans ses différens âges et ses différens états. Un taillis de 12 ans pourra se vendre jusqu'à 800 fr. l'hectare. Un taillis de 20 à 30 ans de 800 à 1500 fr. Un gaulis de moyen âge de 1500 à 2500 fr., et une bonne futaie pourra aller jusqu'à 4000 fr. l'hectare.

UTILITÉ ET USAGE.

Usage comme combustible.

Le bois de bouleau a beaucoup de compacité, et il est surtout dur et pesant dans le bas du tronc (*qu'on appelle pied terrein*) des vieux étalons. Il produit un fort bon chauffage. On en fait une grande consommation dans l'usage domestique, et il est très bon pour les usines. Le bouleau contient un suc résineux qui facilite sa combustion et lui fait exhaler en brûlant une odeur balsamique très agréable. Dans quelques pays on brûle ses branches comme des torches. Le bois de bouleau brûle vite, produit beaucoup de chaleur et donne une flamme claire, ce qui le fait rechercher pour chauffer les fours ; on l'emploie journellement à cet usage dans la boulangerie.

On fait avec le bois de bouleau de très bon charbon, qui sert pour les fondeurs et pour faire la poudre à canon.

Usage dans les travaux d'arts.

Le bois de bouleau , dont le tissu ligneux est condensé et la fibre coriace, a surtout ces qualités dans les pays septentrionaux où on l'emploie ordinairement dans la construction des bâtimens civils et dans une infinité de travaux d'arts.

Comme bois de charpente , le bouleau a une très grande force, mais les gros bois sont sujets à s'échauffer , c'est pourquoi ils auront plus de solidité et de durée s'ils sont débités. Par ce moyen, le cœur du bois est exposé à l'air qui sèche son humidité végétale , dont la fermentation dans le bois de bouleau en neutralise facilement le nerf. Cet échauffement affaiblit de même ses propriétés combustibles, et il a besoin d'être fendu pour être d'une bonne qualité dans cet usage.

La force du bois des bouleaux qui croissent dans le nord, peut égaler celle du chêne. Dans une expérience qui a été faite sur une solive de bouleau des climats tempérés , on a éprouvé qu'elle avait supporté un poids sous lequel une solive de chêne de la même dimension avait rompu. Plusieurs auteurs forestiers parlent de notre bouleau comme étant propre à fournir des chevrons et de la solive. Dans le nord de la Suède, on fait avec le bouleau la charpente de la couverture des maisons ; on en fait les jantes des roues, qui sont d'une grande

solidité , et on l'emploie communément au charronnage. Dans la Russie et la Suède , on en fait
toutes sortes de meubles, des boîtes, des coffres,
des assiettes , etc., etc.

On fait un grand usage du bois de bouleau pour
la fabrication des sabots. Lorsque les bouleaux ont
dix ou douze ans, on les coupe pour en faire des
cerceaux dont il se fait une grande consommation
dans les pays vignobles. Les extrémités des branches du bouleau qui sont déliées et flexibles, servent à faire des balais pour l'usage des maisons.

L'écorce du bouleau qui se lève par feuilles
minces, a la consistance de la corne et la souplesse
du cuir ; elle est imperméable et incorruptible à
l'humidité; on s'en sert dans tout le nord pour couvrir les maisons, et on l'emploie au tannage et à
un grand nombre d'usages. Les familles nomades
de la Laponie en font de grandes provisions pour
en faire des cordes , des boîtes, des paniers, des
flambeaux, etc., etc. Linné dit que les Lapons
font avec cette écorce des souliers, des manteaux
et des lignes pour la pêche.

Cette écorce est surtout remarquable par son
incorruptibilité. Bernardin de St.-Pierre (1) dit
qu'en Russie il en a vu tirer de dessous les terres
dont on couvre les magasins à poudre ; que ces
écorces étaient parfaitement saines, quoiqu'elles

(1) Études de la Nature.

eussent été enfouies sous le règne de Pierre-le-
Grand, ce qui donne un laps de temps d'un siècle.
On s'en sert dans les mêmes pays pour entourer
les pilotis avant de les enfoncer en terre, afin de
les y faire durer plus long-temps. On voit fort souvent du bois de bouleau entièrement pourri dans
l'écorce, qui le couvre sans qu'elle soit aucunement altérée.

Plutarque rapporte qu'on trouva à Rome, 400
ans après la mort de Numa, les livres que ce grand
roi avait ordonné de mettre avec lui dans son tombeau. Son corps était totalement détruit; mais ces
livres, qui traitaient de la philosophie et de la re-
ligion, étaient écrits sur des écorces de bouleau,
qui se levaient en feuillets blancs et minces comme
du papier, et en tenait lieu aux anciens. Ces livres
étaient si bien conservés, qu'il en fut pris lecture
par ordre du sénat.

La sève du bouleau est très abondante; on la
recueille dans le nord au moyen d'un trou oblique
que l'on fait avec une tarière dans le tronc de l'arbre. On en fait un sirop sucré et une liqueur qui
produisent une boisson dont on fait usage en
Suède.

En Norwège, on emploie les feuilles tendres du
bouleau à la nourriture des troupeaux, et on en
fait une sorte de fourrage que l'on conserve pour
l'hiver. Quelques voyageurs disent que les Finlandois
en font une boisson, étant infusées comme du thé.

Propriétés en médecine.

Plusieurs auteurs accordent au bouleau de grandes propriétés contre les maladies néphrétiques ,
et le nomment le bois néphrétique de l'Europe.
Vanhelmont le regarde comme un remède souverain contre la pierre , et ayant les mêmes propriétés que le bois néphrétique des Indes. Cet
auteur dit qu'en faisant bouillir dans du vin blanc
de jeunes branches de bouleau cueillies au printemps , lorsque les boutons sont prêts à se développer , cette décoction prise en boisson , est
bonne pour faire sortir la gravelle des reins.

Selon Vanhelmont , la sève du bouleau guérit
les chaleurs du foie ; elle est souveraine contre la
gravelle, la douleur des reins et la colique néphrétique ; il ajoute qu'elle soulage sur-le-champ et
guérit ensuite. Le même auteur rapporte que c'est
un usage ordinaire aux princes d'Allemagne de
boire tous les jours du mois de mai , un verre de
suc de bouleau, comme un préservatif contre ces
maladies. Mathiole trouve aussi les mêmes propriétés à la sève du bouleau ; il ajoute qu'elle guérit les ulcères de la bouche ; qu'elle fait bonne
haleine et qu'en s'en lavant, elle ôte les taches du
visage et embellit la peau.

D'après Gaspard Bauhin , la liqueur que jette
cette écorce, lorsqu'on la brûle , ôte les cicatrices
et guérit la lèpre.

LE PIN. *PINUS.*

DESCRIPTION.

Caractères génériques.

Fleurs mâles, disposées en chatons , calice nul, écailles staminifères.

Fleurs femelles disposées en un cône garni d'écailles , entre lesquelles le pistil et ensuite les graines sont placés ; strobiles à écailles ligneuses , persistantes , élargies au sommet. Feuilles persistantes , filiformes , de diverses longueurs , enveloppées deux à deux en plus grand nombre dans une même graine qui les réunit à leur base.

Le *Genre* Pin appartient à la famille des *Conifères* , qui fait partie de la 15ᵉ classe de la méthode naturelle de Jussieu. Il se compose d'environ quinze espèces, parmi lesquelles on distingue

Le *Pin Sylvestre*, originaire d'Europe.

Pinus Sylvestris. (LINNÉ.)

Le pin maritime, originaire de France.

Pinus maritima. (LAMARCK.)

Le Pin à pignon, originaire de la France méridionale.

Pinus pinea. (Linné.)

Le Pin du lord Weimouth, originaire de l'Amérique septentrionale.

Pinus strobus. (Linné.)

Le Pin laricio, originaire de Corse.

Pinus Laricio.

Le Pin cembro, originaire des Alpes.

Pinus cembro. (Linné.)

Le Pin de Virginie, originaire de l'Amérique septentrionale.

Pinus inops. (Hortus Kewensis.)

Le pin Sylvestre est celui des pins qui est le plus abondamment répandu dans les forêts du Nord, dont il forme, dans quelques contrées, la masse entière. C'est pourquoi on le désigne aussi sous le nom de pin du Nord.

PIN SYLVESTRE OU SAUVAGE.

DIT D'ÉCOSSE OU DE GENÈVE.

PINUS SYLVESTRIS.

Caractères spécifiques.

Strobiles pédonculés à leur naissance, recourbés et pendans.
Feuilles géminées, glauques et roides, ayant de 1 à 2 pouces de longueur.
Floraison. Elle se fait en avril.

Fructification. Les fruits sont à leur maturité en septembre.

Le Pin Sylvestre a plusieurs variétés ou plusieurs dénominations qui se rapportent à la même espèce. On le connaît sous le nom de Pin Suisse ou Pin de Genève, de Pin rouge ou d'Ecosse, de Pin de Riga ou de Lithuanie, parce que dans ces divers endroits où il croît, le climat et le terrein font subir à sa végétation et à la qualité de son bois, des variations qui les font souvent distinguer comme espèces dans l'usage et dans le commerce ; au moins c'est l'opinion de plusieurs botanistes et voyageurs, que ces diverses sortes de pins ne sont que des variétés du pin Sylvestre.

Les feuilles de ce pin sont légèrement argentées. La nuance que cette couleur donne à sa verdure, le fait contraster agréablement parmi les sapins, dont la verdure est très sombre. C'est le grand parti qu'on en tire dans la composition des jardins pittoresques, où cet arbre est d'un grand effet.

Les fleurs du pin Sylvestre sont extrêmement abondantes, car elles paraissent à l'extrémité de toutes les branches. Elles contiennent une poussière jaune appelée le *Pollen*, qui est exactement semblable à la fleur de soufre. Cette poussière s'échappe au moment de l'épanouissement de la fleur, et elle est tellement abondante, que les vents qui l'emportent en jaunissent entièrement la terre à une

grande distance, ce qui a fait croire en quelques lieux à une pluie de soufre. On voit ce phénomène dans tous les endroits où il y a de ces pins, et on peut se figurer combien il doit être remarquable dans les pays où il y en a d'immenses forêts.

Les feuilles du pin Sylvestre, comme celles de la plupart des arbres résineux, sont persistantes, et leur renouvellement se fait successivement sans dépouiller l'arbre de sa verdure ; cette végétation a motivé le nom *d'arbres verts*, par lequel on les désigne ordinairement.

VIE ET VÉGÉTATION.

La végétation des Pins et notamment du pin Sylvestre, est aussi rapide que celle des autres arbres. On a vu des semis de pins faits dans les terres crayeuses de la Champagne, acquérir en 25 ans, 25 pieds de hauteur, nous avons vu nous-mêmes un semis de pins de 30 ans, dont les arbres s'élevaient à près de 50 pieds.

Les pins, comme tous les arbres résineux, une fois coupés, ne repoussent pas comme le font la plupart des arbres ordinairement sur leur souche, mais ils se reproduisent assez facilement par leurs graines. Dans les grandes forêts de pins, les semences qui tombent d'elles-mêmes lèvent naturellement sous les grands arbres, et en telle quantité, qu'on est souvent obligé de couper beaucoup

de ces jeunes plants , parce qu'ils rendraient les
forêts trop touffues.

Climat.

Quoique le pin Sylvestre vienne dans les climats tempérés et dans le midi de l'Europe, il
préfère le nord où il vient jusque dans les contrées glacées. Ce n'est que dans ces climats qu'il
développe tout son accroissement, et où son bois
acquiert la meilleure qualité. On ne peut s'empêcher de voir en cela une grande prévoyance de la
nature, parce que le suc résineux de ces arbres ,
les rend inaccessibles à la gelée. (PLUCHE. *Spect. de
la Nat.*)

Accroissement.

Duhamel dit que le pin Sylvestre a fait sa croissance à 60 ans, et qu'il est à cet âge dans toute sa
force. Les pins croissent plus en hauteur qu'en
périphérie. Ils n'ont qu'une seule tige , dont les
branches ordinairement horizontales sont verticil-
lées et entourent la tige étage par étage, depuis la
base du tronc jusqu'à la cime, à l'exception des
arbres qui, étant en massifs, n'ont pu conserver
leurs branches que la privation d'air a fait périr à
leur naissance: c'est l'état de presque tous les pins
qui croissent en futaie. Dans cette situation , ils
viennent à une grande hauteur: on en voit commu-

nément de 80 à 100 pieds; et dans les forêts du
nord, ils s'élèvent jusqu'à 150 pieds. La grosseur
de leur tige même, dans les arbres isolés, n'a
pas avec leur élévation le même rapport qui
existe dans les arbres ordinaires. Dans ceux-ci, un
arbre de 100 pieds de hauteur pourra avoir un
tronc de 5 ou 6 pieds de diamètre, tandis que la
tige d'un pin de même élévation, souvent n'a pas
3 pieds de diamètre à sa base.

Durée.

Quoique le pin Sylvestre puisse avoir terminé
sa croissance à 80 ans, il paraît susceptible d'exister long-temps dans le même état, car Linné dit
que dans la Laponie où cette espèce de pin est très
répandue, il vit 400 ans. Cette longue durée, après
la fin de l'accroissement, est commune à beaucoup
de végétaux dont on ne peut guère connaître le
terme de la vie.

CULTURE.

Terrein.

Les pins ne sont pas délicats sur la nature des
terreins : ils sont classés parmi les arbres qui utilisent un mauvais sol ; ils viennent dans les terres
calcaires, les sables arides et jusque sur la roche ;

ils préfèrent généralement les terres légères et un peu substantielles.

Exposition.

Les pins viennent bien en plaine, mais ils aiment mieux les pays de montagnes. Le pin Sylvestre croît particulièrement à l'exposition du nord, dans les climats tempérés, en Suisse et sur les hautes montagnes de France.

Semis.

Nous avons vu que les pins n'ont pas d'autres moyens de reproduction que leurs graines, ce qui semble rendre les soins de la culture, bien plus essentiels pour eux que pour les arbres qui peuvent en outre se reproduire par le recru des souches ; mais la nature les en a dédommagés en leur donnant des graines abondantes qui peuvent se semer d'elles-mêmes, et lever sur le sol forestier, sans préparation et sans culture. Les graines de pins, ainsi que celles des autres arbres résineux, conservent leurs facultés germinatives pendant plusieurs années ; elles peuvent les développer dans le friche des terrains incultes et sous l'ombrage des forêts. Elles peuplent d'arbres les environs ; elles agrandissent et entretiennent ainsi le sol forestier.

Duhamel dit que partout où il y a des forêts
de pins, les semences lèvent naturellement sous
les grands arbres en plus grande quantité qu'il
n'est nécessaire pour réparer la perte des vieux
arbres qui périssent. Si on fait une coupe à blanc,
les graines que les arbres avaient répandues, ne
lèvent qu'après que le terrein s'est couvert d'herbes et de broussailles, parmi lesquelles le plant ne
commence à paraître souvent que la quatrième
année. Il s'élève ensuite rapidement et finit bientôt par étouffer tous les arbustes qui occupaient
en premier lieu le terrein.

Le plant de pin, au moment de la levée, est
délié et tendre; c'est à cette faiblesse que tient le
besoin d'ombrage qu'il a dans sa jeunesse; il serait
dévoré par les grandes chaleurs et les grands froids,
et même il ne paraîtrait pas s'il n'avait à sa naissance un abri pour le protéger contre les intempéries des saisons.

Semis en place.

Pour faire un semis de pin en place, il y aura peu
de préparation à faire au terrein; un simple labour pourra suffire. On répandra la graine dans
des rayons espacés de 3 ou 4 pieds, et on la re-
couvrira d'un pouce de terre; elle ne levera que
parmi l'herbe qui croîtra ensuite sur le terrein; et
plus le friche sera épais, plus la levée sera certaine,

si les graines sont bonnes. Il n'y a pas d'inconvénient à semer un peu dru, parce qu'il se trouve
souvent des graines vides, et s'il y avait trop de
plant, on pourrait en ôter pour s'en servir ailleurs.
Après l'établissement d'un semis, il n'y a point de
culture à faire, puisque le friche est nécessaire au
développement du plant, qui s'en débarrasse de
lui-même en prenant le dessus.

L'époque du semis des pins est depuis l'automne
jusqu'au printemps. On pourra en même temps,
mais avant de tracer les rayons, ensemencer le terrein en blé ou en avoine; on laissera un long
chaume en faisant la récolte de ces céréales, qui
pourra couvrir au moins les frais du labour.

Lorsque les jeunes pins ont atteint huit à dix
ans, il convient de faire l'élagage des branches qui
sont près de terre; cette opération qui aurait été
nuisible avant, est nécessaire à cet âge, parce que
ces branches qui ont attiré la sève de l'arbre dans
sa jeunesse, ne tendraient plus qu'à l'épuiser,
quand il a retrouvé plus tard les mêmes ressources
dans des branches supérieures. La nature indique
assez souvent la nécessité de l'élagage de ces branches inférieures, qui périssent ordinairement à
mesure que l'arbre grandit.

Semis en pépinière.

On sème en pépinière pour faire du plant ou de jeunes arbres propres à la transplantation. On fait ces semis en terre de bruyère, dans des pots que l'on met à l'ombre. Si on veut accélérer la levée qui est lente, on peut placer ces pots de semis sur couche, à la même exposition ; mais le plant qui résulte de cette culture, étant moins rustique que s'il était venu naturellement, craindra le vent et le soleil. Peut-être vaut-il mieux que la levée soit longue, pour que le plant soit robuste, et peut-être aussi a-t-il besoin de beaucoup de temps pour former de bonnes racines. Le plant qui sera venu sans moyens artificiels, sera toujours de meilleure qualité. On élève des pins jusqu'à sept ou huit ans, dans les pépinières, pour planter dans les parcs, mais leur reprise est assez difficile ; elle est plus certaine si on les a élevés en pots.

Plantations.

Quoiqu'il soit plus avantageux de semer en place, pour faire une forêt de pins, on pourra se servir avec succès du plant de deux ou trois ans pour une plantation forestière, pour laquelle on prépare le terrain comme pour les semis à demeure ; mais les frais d'une plantation en grand seront toujours plus considérables que ceux d'un semis du même genre.

On prend les pins depuis l'âge de quatre ans jusqu'à huit, pour planter en avenues et dans les parcs et jardins pittoresques, dans lesquels on en fait des bosquets d'hiver charmans. On les alterne encore avec d'autres masses d'arbres , pour produire des contrastes de verdure. Le parti heureux qu'on en tire dans cette distribution, n'est pas le moindre talent du compositeur de jardins.

EXPLOITATION ET PRODUIT.

Dans quelques pays où on cultive le pin Sylvestre , on l'abat à 15 ou 18 ans, pour faire du bois à brûler. Dans le Bordelais, on le coupe aussi à 10 ans, pour faire de l'échalat. Lorsque ces arbres atteignent l'âge de 25 à 30 ans, on commence à en extraire la résine dont on tire un produit annuel qui se continue jusqu'à la décroissance de l'arbre, qui arrive à l'âge de 60 ou 80 ans; alors les pins sont en futaie. Ils fournissent du bois à brûler et de la charpente , qui est d'un très bon service. Dans beaucoup de pays, on vend ces bois presqu'aussi cher que le bois de chêne.

On n'abat pas toujours à blanc dans les forêts de pins ou de sapins; on y pratique plus souvent l'abattage en éclairci. Dans l'un et l'autre cas, le sol forestier se renouvelle par la levée des graines sous les arbres ou dans le friche qui s'y forme. Leur levée est favorisée surtout par *l'humus* qu'a produit sur le terrein la décomposition des feuilles pendant un grand nombre d'années, et celle des souches mortes, sur l'emplacement desquelles il lève encore une plus grande quantité de plants.

Nous avons remarqué combien le friche était nécessaire à la levée des graines ; aussi l'interdiction du pâturage sur le parterre des nouvelles coupes de pins, est une des principales mesures de conservation.

Les forêts de pins sont d'un excellent produit ; elles sont, dit Duhamel, plus avantageuses aux propriétaires que celles de chêne, non-seulement parce qu'on peut les abattre deux fois contre celles de chêne une, mais encore parce que les forêts de pins produisent un revenu annuel bien considérable.

M. Chevalier rapporte qu'un propriétaire de la Champagne ayant fait semer des pins dans un terrein crayeux, de la valeur de 800 francs avant d'être planté, en a vendu en dix ans pour plus de 50,000 fr. Un autre propriétaire des mêmes contrées, qui avait planté 80 arpens de pins Sylvestres, recueillit de ces arbres âgés de 18 ans, une dépouille de 3000 francs sur deux arpens et demi de terrein.

UTILITÉ ET USAGE.

Bois à brûler.

Tous les pins fournissent un bon chauffage, dont l'intensité est autant produite par la substance résineuse que par la substance ligneuse de leur bois. Cette substance résineuse dont tous les canaux séveux sont remplis, est tellement inflammable, que dans les pays où les arbres résineux sont dominans, on se sert pour allumettes de leurs petites branches, sans y faire aucun apprêt ; il existe quelques espèces dont on fait avec les branches toutes naturelles des torches ou des brandons dont on se sert au lieu de lampes ou de chandelles et autres moyens d'éclairage. Dans quelques contrées de l'Amérique, on appelle ces arbres bois à chandelle, à cause de l'usage que l'on en fait pour s'éclairer.

Usage dans les travaux d'art.

Le plus important usage que l'on fasse des pins et de tous les arbres résineux dans les travaux d'art, est dans la mâture des vaisseaux. Ils sont aussi essentiels dans les constructions navales que le chêne. On ne saurait trouver leur propriété pour cet usage, dans les arbres ordinaires, parce que leur bois offre la légèreté, l'élasticité et surtout la résistance que doit présenter un bois de bout des-

tiné à recevoir tous les efforts des vents, faculté
qu'il tient de la longueur et de la fermeté de ses
filamens ligneux. Les pins produisent aussi des
bois propres à la construction des bâtimens civils.
On en fait des poutres d'une très grande portée;
et dans le nord, on s'en sert presque généralement comme bois de charpente, usage dans lequel
il dure très long-temps.

En France, on l'emploie souvent comme bois de
charpente, mais c'est plus particulièrement dans
des constructions provisoires. On en fait usage dans
une foule d'ouvrages de menuiserie dont il sera
parlé au traité des sapins. On fait avec le bois de
pin un charbon qui est particulièrement estimé
dans l'exploitation des mines.

Les Lapons font avec l'écorce une sorte de pain
dont ils se nourrissent.

Dans les autres pays du nord, on s'en sert pour
engraisser les porcs.

Du suc résineux des pins.

On fait avec le suc résineux des pins, tant de
compositions utiles dans le commerce et dans les
arts, que cette substance forme un de leurs plus
grands produits. Ces sucs fournissent la résine, le
galipot, le brai sec, la thérébentine, le goudron,
le brai gras et le noir de fumée.

La résine est liquide ou sèche selon les diverses

préparations qu'on lui fait subir. On l'obtient au moyen d'une incision faite sur l'écorce, dans le mois de mai. On reçoit dans un vase adapté les sucs résineux qui en découlent jusqu'au mois de septembre, et on les soumet à divers degrés de cuisson, pour les faire passer à l'état de résine sèche ou liquide. Elle sert en médecine, et on en fait du vernis. Les sauvages de l'Amérique septentrionale l'emploient pour calfater leurs canots. *Le galipot* est le suc résineux que l'on tire près des racines, également par une incision. Il est plus gras que la résine et reste toujours liquide ; on l'emploie pour calfater les vaisseaux. Le *brai sec* résulte du mélange du galipot avec la résine cireuse qui se fixe sur l'écorce de l'arbre ; différens degrés de cuisson lui donnent une consistance sèche, et on en fait des pains moulés. *La thérébentine de pin* est une substance de consistance de sirop que l'on obtient par la filtration du galipot exposé au soleil, dans un vase à jour. On emploie cette thérébentine dans la médecine et dans la peinture. On fait l'essence de thérébentine par la distillation du galipot avec de l'eau. *Le goudron* est la substance qui sort du bois de pin lorsqu'on le brûle. Dans les pays où il y a des forêts de pins, l'extraction du goudron est une opération importante. On sait le grand usage que l'on fait de cette substance dans la marine, pour enduire les bois, les cordages et les agrès. Le *brai gras* se fait par le mélange du goudron et du brai sec, en parties égales ; il s'emploie aussi dans la marine. Le *noir de fumée* qui sert dans la peinture, et pour faire le noir d'imprimerie, est produit par la combustion des diverses espèces de résine, dont les fuliginosités sont recueillies par divers procédés.

Toutes les substances résineuses sont l'objet de spéculations d'un grand intérêt dans les pays où existent des forêts de pins et d'autres arbres de même espèce. La résine a en général une odeur balsamique assez agréable ; dans quelques campagnes, on emploie celle qui sort en larmes transparentes, qui est la plus pure, pour brûler dans les églises, au lieu d'encens.

Propriétés en médecine.

On attribue aux pins de nombreuses propriétés en médecine. Selon Mathiole, l'écorce des pins est astringente, et étant broyée et appliquée, elle est bonne contre les ulcères de la peau qui proviennent d'échauffement, et pour les corps délicats qui ne peuvent supporter des choses fortes elle est diurétique. Il ajoute que les feuilles broyées et appliquées sont bonnes contre les inflammations et les brûlures ; prises en décoction avec eau miellée, elles sont salutaires contres les maladies du foie.

Les graines des strobiles ou *pommes de pin*,

prisesseules ouavecdumiel, sont bonnes, selon Mathiole, contre la toux. Il attribue particulièrement
des propriétés contre les affections de poitrine aux
graines du *pin à pignons* qui sont recommandées
dans ces maladies. Mathiole dit que les pommes
de pin fraîchement cueillies, concassées et cuites
avec vin cuit, servent grandement contre les toux
invétérées et la phthisie. Les graines des pins sont
dans les traités des médicamens, regardées comme
tempérées, humides, résolutives, adoucissantes et
pectorales. On fait particulièrement usage des graines du *pin à pignons* que l'on tire de la Catalogne,
du Languedoc et de la Provence. Galien, cité dans
Mathiole, dit qu'elles sont souveraines en mille choses pour le corps humain. La résine, selon Mathiole, a aussi des vertus contre les toux invétérées. Le même auteur donne à la poix résine un
grand nombre de propriétés en médecine; mêlée
avec du miel, elle arrête les ulcères, les modifie
et les cicatrise; elle est bonne contre la morsure
des bêtes venimeuses, la phthisie, les squinancies,
les maux d'oreilles, etc., etc.

L'eau de goudron, selon Berckley, médecin
anglais, a des propriétés aussi très étendues. Il la
trouve propre à la guérison des ulcères du pou-
mon et de plusieurs maux désespérés. Il donne
un long traité des vertus de l'eau de goudron.

PIN MARITIME OU DE BORDEAUX.

PINUS MARITIMA. (Lamarck.)

DESCRIPTION.

Caractères spécifiques.

Fruits strobiles verticillés, sessiles et pendans, dont les écailles renflées à leur sommet sont très serrées.

Feuilles géminées et roides, ayant de cinq à six pouces de longueur.

Floraison. Elle se fait en mai.

Fructification. Les fruits sont à leur maturité en septembre.

Le pin maritime est plus gracieux dans son détail que dans son ensemble, car souvent il porte mal ses branches, qui se recourbent vers le sommet de l'arbre, et sa tige n'est pas toujours droite comme on le remarque dans la plupart des pins ; mais ses fruits et son feuillage d'un vert tendre doux à l'œil, sont fort curieux. Le cône, connu vulgairement sous le nom de *Pomme de pin*, ayant la grosseur du poing à sa base, se termine en pointe à quatre à cinq pouces de longueur, en prenant une forme pyramidale d'une parfaite régularité. Cette beauté des pommes de pins en fait souvent emprunter la forme dans les ouvrages d'ornement. Les feuilles filiformes et longues se réunissent en faisceaux à chaque extrémité des branches, et présentent dans cette disposition autant de plumasseaux ou d'aigrettes d'une grande élégance.

VIE ET VÉGÉTATION.

La végétation du pin maritime est assez rapide ordinairement; il fait souvent des pousses d'un pied de long par année, et lorsqu'elle ne montre point cette vigueur, surtout dans les premières années de la croissance, c'est qu'elle est souffrante, et l'arbre alors réussit mal.

Climat.

Cet arbre préfère les contrées méridionales, et on le cultive avec plus de succès dans les climats tempérés que dans les contrées septentrionales où il craindrait la gelée, même au nord de la France, dans les hivers un peu rigoureux. Aussi le pin maritime ne fait guère partie des forêts du nord de l'Europe. On le cultive en grand dans les environs de Bordeaux, et il croît en abondance sur les bords de la mer, dans les départemens méridionaux.

Accroissement.

Le pin maritime a moins de branches le long de sa tige, que le pin Sylvestre ; il parvient aussi à une grande hauteur ; il finit sa croissance au même âge, mais sa durée est plus limitée, et il ne paraît pas susceptible d'entretenir sa vie aussi long-temps sans croître que le pin Sylvestre.

CULTURE.

Terrein.

Le pin maritime croît le plus ordinairement dans les sables mêlés de roche, qu'il préfère aux terres crayeuses et calcaires, dans lesquelles il a une végétation souffrante, et ne vit pas long-temps.

Ses moyens de reproduction et sa culture sont ceux du pin sylvestre que nous avons décrit.

UTILITÉ ET USAGE.

Le pin maritime a les propriétés de chauffage qu'ont les autres espèces de pins. On s'en sert beaucoup pour cet usage dans les pays où il abonde, mais on le dépouille auparavant de son écorce, pour diminuer son odeur de résine qui est très incommode lorsqu'on brûle ce bois.

Usage dans les travaux d'art.

Le bois est employé dans la construction des bâtimens et à beaucoup d'autres usages. Dans le Bordelais, on en tire de l'échalas dont on fait une grande consommation dans les vignobles de ce pays.

Le pin maritime produit les mêmes substances résineuses que nous avons détaillées au traité du pin Sylvestre. On les extrait par les mêmes moyens, et elles s'emploient aussi aux mêmes usages.

Ce qui est dit pour l'exploitation et les produits du pin Sylvestre, est applicable au pin maritime.

SAPIN. *ABIES*.

DESCRIPTION.

Caractères génériques.

FLEURS MONOÏQUES.

Fleurs mâles disposées en chatons composés de petites écailles membraneuses en forme de bouclier, attachées le long d'un axe commun; deux anthères sessiles à une loge sous chaque écaille.

Fleurs femelles en chatons, bractées nombreuses, adhérentes à un axe central ; autant d'écailles persistantes, coriaces, amincies au sommet ; deux ovaires qui deviennent deux noix monospermes à une loge, terminées par une aile membraneuse et placées l'une à côté de l'autre, sur la face supérieure de chaque écaille; feuilles solitaires, persistantes. (DESFONTAINES.)

Le genre sapin appartient à la famille des conifères, qui fait partie de la 15e classe des végétaux, selon la méthode naturelle de Jussieu.

On compte sept espèces de sapins, qui sont :

Le Sapin picéa ou épicéa, originaire d'Europe.

Abies picea (LINNÉ).

Le Sapin commun ou argenté, originaire de France.

Abies taxifolia.

Le Sapin blanc, originaire de l'Amérique septentrionale.

Abies alba (HORTUS KEWENSIS).

Le Sapin baumier de giléad, originaire du Canada.

Abies balsamea (LINNÉ).

Le Sapin noir, originaire de l'Amérique septentrionale.

Abies nigra (HORTUS KEWENSIS).

Le Sapin rouge, originaire de l'Amérique septentrionale.

Abies rubra.

Le Sapin hemlock Spruce, originaire du Canada.

Abies canadensis (LINNÉ).

Le Sapin épicéa tient une place remarquable dans les forêts d'arbres résineux; il est un des plus magnifiques et des plus utiles.

SAPIN EPICIA OU ÉPICÉA.

ABIES PICEA.

Caractères spécifiques.

Strobiles cylindriques, écailles rhomboïdes aplanies, et dont les bords rongés sont recourbés en dedans.

Feuilles solitaires et tétragones.

Floraison. Elle se fait en mai.

Fructification. Son fruit est à sa maturité en octobre.

VIE ET VÉGÉTATION.

Les sapins, et c'est ce qui est propre à l'épicéa, croissent plus lentement que les pins. Duhamel dit que les semis de sapin ne commencent à se distinguer du friche, qui est laissé pour en protéger la levée, qu'à la sixième année; l'expérience confirme cette remarque, car on sait parfaitement dans la culture que la végétation des sapins se développe moins rapidement que celle des pins.

Climat.

Les épicéas n'aiment point les pays chauds; ce n'est que dans les contrées les plus septentrionales, et particulièrement les plus montagneuses, qu'ils viennent dans les grandes proportions que la nature leur a données. Ils croissent d'habitude dans le Canada, la Suède, la Norwège, le nord de la Russie et dans les Vosges. Dans les montagnes des pays tempérés, ils préfèrent l'exposition du nord.

Accroissement.

Les sapins ont dans leur ensemble un bel aspect et produisent leurs branches par verticilles ou anneaux étagés autour de leurs tiges droites. Depuis la base jusqu'au sommet, les branches diminuent graduellement, de longueur du bas en haut et elles donnent aux sapins une forme pyramidale qui est presque toujours caractéristique chez eux.

L'épicéa est au nombre des arbres de la plus grande stature qui existent : c'est ce qu'on reconnaît facilement dans les forêts de sapins, et par les énormes pièces de bois qu'on en tire, remarquables surtout par une longueur que ne peut produire aucune autre espèce d'arbre. La hauteur ordinaire de ce sapin est de 120 pieds; et dans les forêts du nord de l'Europe où il croît en plus grande abondance, il s'élève souvent jusqu'à 150 pieds. Par le récit de Pline, qui décrit un sapin dont le tronc avait quatre brasses de circonférence, ce qui fait environ 8 pieds de diamètre, on voit que l'épicéa peut faire partie des plus grands végétaux connus.

Durée.

Les pins, suivant Duhamel, ont fait leur crue à 75 ou 80 ans; les sapins sont au moins aussi robustes et aussi vivaces. Leur végétation plus lente semble l'annoncer; et comme ils viennent dans d'aussi grandes dimensions, ils doivent mettre plus de temps à faire leur croissance. Ils paraissent pouvoir rester un aussi grand

nombre d'années sans dépérir, et s'entretenir dans le même état que les pins dont Linneus a rapporté en avoir vu en Laponie qui avaient passé 400 ans.

CULTURE DE L'ÉPICÉA.

Toutes les espèces de sapins viennent dans les terres un peu fortes et qui ont beaucoup de fond. Mais l'épicéa est parmi les sapins le moins délicat sur la nature du terrein ; ainsi que nous l'avons déjà remarqué, il se plaît surtout au nord et sa végétation ne saurait aussi bien prospérer dans les contrées méridionales, que quelques autres espèces de sapins préfèrent.

Tout ce que nous avons dit sur la culture des pins est applicable, dans toutes ses parties, à celle des sapins. Nous renverrons à ce traité pour la culture de l'épicéa, qui, ainsi que tous les arbres résineux qui viennent en forêts, se perpétue de lui-même, pourvu que les lieux où ses graines se sèment, soient préservés du pâturage des bestiaux, ce que nous avons expliqué.

EXPLOITATION ET PRODUIT.

On abat les sapins quand ils commencent à dépérir, et alors le sol forestier se recompose par les semences qui sont tombées comme le font les pins, car les souches ne repoussent pas davantage.

Mais on abat souvent les sapins par éclairci, ce qui favorise la naissance des jeunes sapins qui ont par ce moyen des clarières pour se développer, un humus dans la décomposition des vieilles souches auprès desquelles lèvent la plupart des graines, et de l'ombrage pour protéger leur végétation dans leur jeunesse.

UTILITÉ ET USAGE.

Bois à brûler.

Les propriétés combustibles du sapin épicéa sont les mêmes que celles des pins dont nous avons parlé.

Usage du bois dans les travaux d'art.

Le bois de sapin est plus pesant que celui des pins, et par cette raison, on préfère ce dernier pour la mâture des vaisseaux. Cependant on emploie beaucoup le sapin dans les constructions navales.

L'usage le plus universel du bois de sapin, dans le nord, est dans les constructions civiles où on l'emploie presque généralement comme bois de charpente. Il est liant, a une très grande solidité dans cet usage qui demande de la force. Il a la propriété de résister à la corruption et de durer très long-temps sans s'altérer.

La charpente du bois de sapin, qui est souvent confondue avec celle des pins, s'emploie aux mêmes usages dans différens pays où on l'importe beaucoup.

En bois de sciage.

Comme le chêne, le sapin se débite en bois de sciage. On en fait du madrier, de la plate-forme, de la membrure, du travelot, du chevron, de la planche, etc. C'est dans cet état que se vend le plus ordinairement le bois de sapin dans le commerce. Il s'emploie à tous les travaux de la menuiserie.

En bois de fente.

On débite aussi le sapin épicéa en bois de fente, pour servir à des usages où le bois doit être de droit fil; on emploie très communément les bois de sapin ainsi débité, pour faire des cuves, des seaux et des tonneaux à mettre des marchandises sèches et liquides.

Usages divers.

Au rapport de Linnæus, les Lapons emploient l'épicéa à différens usages. Avec les racines longues et grêles que l'épicéa produit en grande quantité, ils fabriquent des cordes et des paniers. Avec le bois, ils construisent des barques fort légères, qu'un homme peut porter. Dans le Canada , on emploie l'écorce au tannage des cuirs.

Des sucs résineux du sapin épicéa.

On faisait usage des diverses substances produites par les sucs résineux des pins et des sapins, avant et dans le temps de Pline, qui traite de celles dont ou se servait alors.

Les principales substances que produisent les sucs résineux des sapins, sont la poix, la thérébentine, l'essence de thérébentine et la colophane. Toutes ces substances que l'épicéa fournit abondamment, sont produites aussi par plusieurs espèces de sapins.

On obtient la poix de l'épicéa au moyen d'une incision faite en long sur l'écorce dont on emporte une lanière. La résine qui sort en abondance de cette plaie, s'épaissit et se fixe sur le corps de l'arbre, en grosses larmes concrètes que l'on détache, ce qu'on appelle ramasser de la poix. On la fait fondre avec de l'eau, à un feu modéré ; elle est ensuite versée dans des barils, et c'est dans cet état qu'on la vend sous le nom de poix grasse de Bourgogne.

Les épicéas peuvent fournir de la poix tant qu'ils subsistent, sans être altérés par la déperdition de ces sucs résineux, ni par les incisions faites pour les obtenir. Duhamel dit que loin que ces arbres aient à en souffrir, ceux qui sont plantés dans des terreins gras périraient si on ne tirait pas par des entailles une partie de leur résine. On remarque en effet que dans les terres substantielles les sucs résineux des épicéas sont beaucoup plus abondans et qu'ils coulent naturellement de l'arbre par les gerçures de l'écorce.

On fait avec la poix mêlée avec du goudron, du brai gras pour en enduire les vaisseaux. Employée toute seule, elle peut fournir un brai propre au même usage, et à enduire aussi tous les bois qu'on emploie dans l'eau. On en fait une composition pour graisser les voitures ; elle entre dans celle de divers onguens, et elle est propre à fournir un très bon ciment pour unir les pierres, étant mêlée et cuite avec de la pierre d'asphalte ou autres matières bitumineuses.

La thérébentine est le suc résineux des sapins, qui se fixe sous la première peau de l'écorce, dans de petites outres ou vessicules. Les épicéas, quand ils sont jeunes, peuvent en produire, mais la véritable thérébentine se tire des sapins proprement dits, qui croissent dans les Alpes. On fait avec cette thérébentine distillée avec de fortes parties d'eau, l'essence de thérébentine. La thérébentine s'emploie dans la médecine, dans la peinture et dans l'art vétérinaire. La colophane est une poix sèche, réduite à cette consistance solide par différens degrés de cuisson qui en ont fait évaporer l'humidité. On fabrique le noir de fumée par le même procédé employé pour l'obtenir des matières résineuses des autres espèces d'arbres.

Propriétés en médecine.

Les jeunes pousses de l'épicéa ou les sommités des branches cuites dans de l'eau et du vin produisent une boisson salutaire dans le scorbut, la goutte et les rhumatismes, aussi bien que les cônes employés de la même manière, lorsqu'elles sont vertes et encore tendres (1).

Selon Mathiole, les pignons que contiennent les strobiles sont mollitifs et résolutifs ; ils engraissent, ils sont fort nutritifs ; et mangés fréquemment, ils guérissent souvent les douleurs des nerfs et du dos. Les mêmes graines sont bonnes contre les gouttes sciatiques et les paralysies : Mathiole ajoute que les écailles des cônes du sapin, cuites en fort vinaigre et prises en parfum, sont bonnes contre la dyssenterie.

(1) Dictionnaire pharmaceutique.

MÉLÈZE. *LARIX*.

DESCRIPTION.

Caractères génériques.

FLEURS MONOÏQUES.

Fleurs mâles en chatons sessiles, arrondis ou allongés, entourés à la bâse d'un grand nombre de petilles écailles membraneuses ; deux anthères sessiles, à une loge, attachées à la surface inférieure et moyenne de chaque écaille du chaton.

Fleurs femelles disposées en un chaton ovale, composé de bractées minces, colorées, un peu lâches, membraneuses sur les côtés, partagées dans leur longueur par une ligne verte, dont la pointe se prolonge au-delà de leur sommet; entre chaque bractée se trouve une squamule en forme d'ongle, qui soutient deux petits ovaires ; les bractées se dessèchent et disparaissent; mais les squamules persistent, prennent de l'accroissement et deviennent autant d'écailles concaves, coriaces, amincies au sommet, qui renferment chacune deux noix monospermes, terminées par une aile; faites en rosettes.

(DESFONTAINES.)

Le genre mélèze appartient aussi à la famille des conifères et à la quinzième classe des végétaux, selon la méthode de Jussieu.

Il contient deux espèces :

Le mélèze d'Europe.

Larix Europea. (LINNÉ.)

Le mélèze cèdre du Liban , originaire de l'Asie mineure.

Larix cedrus. (LINNÉ.)

Le mélèze d'Europe est le plus important dans nos forêts.

MÉLÈZE D'EUROPE.

LARIX EUROPEA.

Fruits strobiles, petits, ovoïdes, écailles recourbées et déchirées à leurs bords.

Feuilles fasciculées et caduques.

Floraison. Elle se fait en mai.

Fructification. Les fruits sont à leur maturité en septembre.

Cet arbre est d'un grand intérêt dans les forêts des pays montagneux où il est très répandu. Les Romains connaissaient le mélèze; Pline en parle en différens endroits, et en cite un d'une stature extraordinaire , que l'empereur Tibère avait fait exposer par curiosité à Rome. L'importance du mélèze est très grande par les propriétés de son bois, qui se font remarquer dans les constructions , où sa solidité égale sa longue durée.

Le bois de mélèze est fort estimé dans un grand nombre d'usages, et particulièrement dans la menuiserie où il est préféré au pin et au sapin ; il se trouve du mélèze à bois blanc et du mélèze à bois rouge. Ces deux couleurs qui ont fait croire à plusieurs espèces de mélèze, résultent des différens âges de l'arbre. Le rouge est plus estimé ; le bois de mélèze a un grain très uni et plein ; il est de très longue durée, et n'est point sujet à se fendre ni à se gauchir ; ces propriétés le font rechercher par les peintres, qui s'en servent pour leurs tableaux , et l'on assure que plusieurs de ceux de Raphaël sont peints sur du bois de mélèze.

Les sucs résineux de cet arbre sont plus fins que ceux des pins et des sapins, et sont toujours fluides ; ils fournissent la thérébentine la plus estimée, celle connue sous le nom de *Thérébentine de Venise*. Le bois, dans toutes ses parties, est particulièrement imprégné de ces sucs résineux auxquels il doit, sans aucun doute, sa solidité, sa longue durée et l'incorruptibilité par lesquelles il est surtout remarquable. Ses sucs résineux le préservent de l'action de l'air et l'humidité. En Suisse et en Savoie, dans le Briançonnais et le Valais , où les mélèzes sont l'espèce d'arbre dominante ; on en construit en entier des maisons ou des cabanes, en ajustant à plat, les unes sur les autres , des pièces de mé-

lèze fendues en deux. Ces maisons toutes blanches,
lorsqu'elles viennent d'être construites , se noir-
cissent au bout de quelques années, et les jointures que forme l'approche des pièces de bois,
sont bientôt bouchées par la résine que la chaleur
du soleil a attirée hors des pores du bois. Cette
résine durcit à l'air, et elle forme sur les jointures
et la surface du bois, un vernis très propre qui
rend ces constructions impénétrables à l'eau. Ces
habitations peuvent durer des siècles. M. de Ma-
lesherbes dit avoir vu une de ees cabanes dans le
pays de Vaud, construite depuis 250 ans, et dont
le bois était encore très sain. Mais ce que l'on peut
citer comme un exemple extraordinaire de la longue durée et de l'incorruptibilité du bois de mélèze, c'est que les échalas qu'on fait pour la vigne,
restent fichés dans la terre sans s'altérer. Les ceps
de vignes qui vivent très long-temps, meurent et
se renouvellent pendant un très grand nombre
d'années, au pied de ces échalas. M. Boissel, auteur d'un ouvrage sur la navigation du Rhône, dit
que des propriétaires du Valais lui ont assuré que
leurs pères ignoraient l'époque à laquelle les échalas qu'on voyait dans leurs vignes avaient été
plantés, tandis que les échalas d'autres bois ne
durent qu'une dixaine d'années environ.

Si l'essence particulièrement résineuse du bois
de mélèze lui donne les grandes et utiles propriétés que nous venons de remarquer , elle lui

en donne aussi de fort dangereuses, car le bois ainsi vernissé par sa résine, est extrêmement combustible ; la moindre étincelle peut l'enflammer : c'est ce qui a obligé, dit Duhamel, les magistrats des lieux où l'on fait ces constructions en bois de mélèze, d'ordonner par des réglemens de police, qu'elles seraient établies à une certaine distance les unes des autres, afin d'éviter la communication de l'incendie. Etant sur pied même, les mélèzes peuvent s'enflammer facilement. Cette propriété combustible, vraiment calamiteuse, commande des précautions rigoureuses pour en préserver les forêts.

VIE ET VÉGÉTATION.

Le mélèze est du petit nombre des arbres résineux, dont les feuilles sont caduques. Il quitte son feuillage et le reprend comme les autres arbres.

Les arbres résineux, en général, sont d'un aspect monotone. L'espèce de régularité de leurs formes, la disposition de leurs branches et de leurs feuilles filiformes en font une classe d'arbres qui ne produit pas ce charme que tous les autres arbres répandent sur la terre. Cependant on peut en tirer un grand parti dans les jardins pittoresques : et si un dessinateur habile sait les disposer avec art et les combiner savamment avec les autres arbres, ce mélange et ses rapports bien entendus, loin de blesser le goût, produiront des contrastes

piquans et des tableaux animés qui charmeront
les yeux. *

L'hiver est la saison de l'année où les arbres
résineux semblent régner. C'est alors que commence leur triomphe. On les voit mêler leurs rameaux toujours verts, aux branches dépouillées des
autres arbres. La nature qui se repose veille pour
eux, et semble vouloir les dédommager en hiver
des grâces qu'elle leur refuse au printemps.

Cette verdure impérissable chargée quelquefois
de frimats qui se dessinent en festons, unit, en
quelque sorte, les saisons les plus opposées. Elle
console un peu du long sommeil de la nature, et
promet à l'âme attristée qu'elle se réveillera bientôt avec des charmes nouveaux.

Mais si les seuls charmes des arbres résineux,
sont dans leur verdure perpétuelle, le mélèze
semble en être privé entièrement, puisqu'il est
chauve en hiver; en effet, cet arbre, dont la tige
est droite et très élevée, ne présente qu'un grand
mât autour duquel on aurait comme planté, étage
par étage, des branches qui se dirigent horizontalement, et il est loin d'offrir, dans cette saison,
cet aspect qu'on trouve encore intéressant dans les
arbres ordinaires, malgré qu'ils soient dépouillés
de leurs feuilles.

Le mélèze reproduit son feuillage au printemps.
Les feuilles réunies en faisceau et d'un vert tendre,
ont, dans cette disposition, une forme étoilée qui

en rend le détail très gracieux. Les fleurs femelles qui produisent ensuite les cônes ou strobiles, sont de petites houpes pyramidales et écaillées, d'un rouge tendre, qui ont assez exactement la dimension et la forme d'un dez à coudre. Elles sont axillaires sur les branches, d'où elles partent en presqu'aussi grand nombre que les faisceaux de feuilles, ce qui fait de ces branches autant de bouquets charmans pendant le temps de la floraison. Les fleurs quittent leurs jolies couleurs, elles prennent un ton brunâtre, et ce sont alors les strobiles qui viennent à-peu-près de la grosseur et de la forme d'un petit œuf de pigeon.

La végétation du mélèze est lente ordinairement, et surtout dans le voisinage des neiges perpétuelles; mais elle est plus rapide en approchant des vallées où cet arbre acquiert les grandes dimensions dans lesquelles il peut venir; ce qui s'explique par le mouvement échelonné de la végétation observé dans les hauteurs de l'atmosphère.

Accroissement.

Le mélèze est un des plus grands arbres; il passe ordinairement 100 pieds de hauteur. On voit, par ce que rapporte Pline, d'une pièce de bois de mélèze qui avait 120 pieds de longueur, et que Tibère avait fait exposer par curiosité à Rome, que cet arbre peut être un des plus grands végétaux connus; mais quoiqu'il puisse s'élever autant et plus que les autres arbres résineux, il est, parmi eux, celui dont la grosseur du tronc est encore moins proportionnée avec sa hauteur, car pour celle ordinaire de 100 pieds, le tronc n'a quelquefois pas plus de 18 à 20 pouces de diamètre.

Durée.

Le mélèze fait sa croissance dans le même laps de temps que le sapin; il met environ 80 ans à venir, mais il reste en cet état un bien plus grand nombre d'années, et sa durée paraît être aussi longue que celle des pins et des sapins. On a reproduit quelques observations faites sur les mélèzes, desquelles il résulte que ces arbres même étant mutilés par la foudre qui les frappe souvent, ne s'altèrent pas et vivent pendant une très longue suite d'années dans cet état.

Climat.

Les mélèzes vivent dans les climats tempérés de l'Europe, ils viennent en abondance sur les Alpes, dans la Suisse, la Savoie, le Dauphiné, le Neuchâtel et sur les Pyrénées. Ils habitent le voisinage des neiges perpétuelles, et croissent sur les parties les plus élevées des montagnes où les sapins même refusent de venir; ils se plaisent particulièrement sur le revers septentrional des montagnes, et ils réussissent aussi dans les plaines.

CULTURE.

Le mélèze, comme les pins et les sapins, se propage de lui-même dans les forêts par les semences qui tombent à terre. Les jeunes plants de mélèze redoutent autant les rayons du soleil que ceux des autres arbres résineux dont nous avons parlé, et ils ont comme eux besoin des mêmes abris qu'ils trouvent dans les forêts ou dans le friche des terres incultes.

Terrein.

Le mélèze vient dans tous les terreins, mais il préfère les terres sablonneuses qui ont de la profondeur.

Semis en place.

On peut semer des mélèzes en place, mais la culture qu'on ferait au terrein, nuirait au succès du semis, parce que les graines étant extrêmement fines, seraient sujettes à trop s'enterrer et ne lèveraient pas. Quelques auteurs qui ont écrit sur la culture du mélèze, pensent que le succès du semis sera plus assuré et le plant beaucoup meilleur, si l'on enfonce dans la terre les cônes tout entiers, parce qu'en se pourrissant, ils produiront un humus favorable à la germination des semences qu'ils contiennent.

Semis en pépinière.

Si on veut élever des mélèzes, on sème dans des terrines exposées de manière à ce qu'elles soient préservées des rayons du soleil en été et des fortes gelées en hiver. Au bout de trois ou quatre ans, on transplante les jeunes plants en pleine terre, en laissant un peu de terre à leurs racines. Dans cet état, ils ne sont qu'en pépinière où ils doivent encore être un peu abrités du soleil, jusqu'à ce qu'ayant poussé, ils indiquent leur reprise; alors ils n'exigent plus de petits soins, et ils forment bientôt de jeunes mélèzes qu'on peut, quatre ou cinq ans après, planter en place où ils reprendront facilement.

Les mélèzes diffèrent beaucoup des autres arbres résineux, en ce qu'ils donnent quelquefois des rejetons par leurs racines. Ce recru n'est pas assez abondant et assez fort pour entretenir le sol forestier, et on préfère le moyen des semis qui est plus sûr et fournit de meilleur plant.

EXPLOITATION ET PRODUIT.

On peut faire des coupes de futaie à blanc, parce que le sol forestier se reproduira par les semis naturels; mais on pratique sûrement plus souvent les abattages en éclaircis qui peuvent fournir également un grand produit, et donner au sol forestier un moyen plus sûr de se conserver, en laissant aux jeunes plants les grands ombrages dont ils ont besoin.

On a vu quels sont les grands services que rendent le bois de mélèze et ses utiles productions, et on se figure aisément combien doivent être importans les revenus qu'on peut tirer de ces forêts de mélèze que font naître les terreins les plus ingrats.

UTILITÉ ET USAGE.

Bois à brûler.

Le bois du mélèze, comme nous l'avons remarqué, est serré, dur et plein, ce qui fait concevoir comment la grosseur de la tige, peu en rapport avec sa hauteur, peut avoir une force suffisante et proportionnée. Il est plus pesant que celui du sapin, et reçoit une excellente propriété de chauffage de ces qualités unies au principe phlogistique de sa substance résineuse. Il tient au feu et il donne une chaleur vive qui le fait rechercher. Nous avons vu quelle était la propension combustible du bois de mélèze, et les précautions qu'il faut prendre pour que cette propriété, si favorable dans l'usage du chauffage, ne soit point dangereuse dans les autres usages de l'économie domestique.

Usage dans les travaux d'art.

En bois de charpente. Ce bois a beaucoup plus de force que celui du sapin, et sa qualité est de beaucoup supérieure, ce qui le rend excellent pour les constructions. Il fournit de la poutre et de la charpente d'une très bonne qualité; elles ne plient pas et elles ont au moins autant de force que celles de chêne. Nous avons vu que dans la Suisse, le Dauphiné et la Franche-Comté, on s'en sert presqu'ordinairement dans la construction des bâtimens civils, et que dans les campagnes on en construit des maisons entières, où il dure des siècles même exposé aux intempéries de l'air.

Il est fort employé dans la menuiserie où il est préféré aux sapins dans tous les ouvrages où on emploie les bois résineux.

Dans la navigation. Duhamel dit qu'on se sert du bois de mélèze dans la construction des petits bâtimens de mer, où on l'emploie dans les allonges et pour les bordages des ponts. A Genève, on en construit presqu'entièrement les bateaux qui voguent sur le lac. Duhamel rapporte que d'après l'examen qui fut fait des propriétés du bois de mélèze, par les commissaires de la marine, à Toulon, en 1798, il fut reconnu qu'il pouvait être employé comme mât de hune, et même, dans la composition des mâts majeurs, en choisissant des mélèzes qui n'aient point ou que peu de branches.

Usages divers.

L'incorruptibilité et la durée du bois de mélèze le rendent propre à faire des conduites d'eau souterraines, ainsi qu'à faire des gouttières sous les toits. Dans ces usages, ces propriétés du bois de mélèze ont beaucoup d'importance, puisqu'elles le font résister à l'air et à l'eau, deux élémens dont le contact détruit tous les bois ordinaires. On en fait ordinairement des tonneaux d'une très grande durée, dans lesquels les liqueurs spiritueuses n'éprouvent point l'évaporation à laquelle elles peuvent être exposées dans les vaisseaux faits en d'autres bois.

La finesse du grain du bois de mélèze, la faculté qu'il a de ne point se fendre ni se tourmenter, le rendent propre à une infinité de petits ouvrages délicats.

Des sucs résineux du mélèze.

Le mélèze est tellement imprégné de sucs résineux, qu'on trouve souvent dans le corps ligneux même des dépôts de résine liquide; on rencontre fréquemment, à quatre ou cinq pouces du canal médulaire, de ces réservoirs qui ont près d'un pouce d'épaisseur sur environ quatre pouces carré. Duhamel dit que dans un tronc de 40 pieds de longueur, on a trouvé quelquefois jusqu'à six de ces principaux réservoirs, et une bien plus grande quantité de petits. Il remarque que cette résine coule abondamment, si on entame avec la coignée ces réservoirs que les scieurs de long redoutent, parce qu'ils empêchent la scie de couler.

Les sucs résineux du mélèze produisent la thérébentine la plus estimée, celle appelée dans le commerce, *Thérébentine de Venise*. C'est la principale substance résineuse et presque la seule que l'on tire du mélèze; cependant on peut en tirer du goudron, mais il paraît qu'on ne s'y attache pas.

La récolte de la thérébentine est une importante occupation dans les pays où sont les forêts de mélèze. Pour obtenir la thérébentine, on fait, dans le corps de l'arbre, à deux ou trois pouces de terre, des trous inclinés par en bas, auxquels on ajoute des petites gouttières qui reçoivent la résine qui en coule assez fort, et la conduisent dans des vases en bois posés à terre. On tire la thérébentine depuis le printemps jusqu'en automne. Les ouvriers préposés à ce travail vident leur auget soir et matin, et après avoir passé la thérébentine dans un tamis, pour en ôter les malpropretés, ils la mettent dans des outres de peau, et la vendent ainsi aux marchands.

C'est dans la vigueur de leur végétation, que les mélèzes fournissent cette substance. Chaque arbre, dit Duhamel, peut fournir par année environ huit livres de thérébentine pendant 5o ans.

Cette thérébentine, qui est claire, transparente et de la consistance d'un sirop épais, est d'un goût amer, et d'une odeur forte ; elle s'emploie dans la composition des vernis, dans la médecine et dans l'art vétérinaire où on en fait un grand usage. Les paysans des environs de Besançon en prennent une ou deux cuillerées dans du bouillon, pour se guérir des douleurs internes causées par des chutes ou efforts.

Propriétés en médecine.

Mathiole dit que la thérébentine de mélèze, prise au poids d'une once, est purgative ; qu'elle est bonne particulièrement dans les médicamens qui se préparent pour la guérison des blessures et cicatrices. Prise en forme d'électuaire, elle est bonne contre les toux invétérées, et au traitement de diverses maladies.

Dans les forêts des Alpes, on trouve dans le fort de la sève, sur les mélèzes, une multitude de petits grains blancs qui paraissent être un épanchement de sève. On ramasse précieusement ces grains un peu visqueux, d'un goût à peu-près semblable à celui de la manne, et que l'on appelle la *manne de Briançon*, dont les anciens historiens du Dauphiné, dit Duhamel, ont fait une merveille. Cette manne, ajoute cet auteur, purge comme celle de la Calabre, et les paysans s'en servent à cet usage.

SAPIN ARGENTÉ OU COMMUN,

CONNU AUSSI SOUS LE NOM DE SAPIN A FEUILLES D'IF.

ABIES TAXIFOLIA.

DESCRIPTION.

Caractères spécifiques.

Fleurs anthères, à deux cornes aigrettées.

Fruits strobiles verticaux cylindriques, ayant des bractées alongées.

Feuilles linéaires, planes, solitaires, tronquées, échancrées au sommet.

Floraison. Elle se fait en avril et mai.

Fructification. Les strobiles et les graines qu'ils contiennent, sont à leur maturité en novembre.

Le sapin commun est un des plus beaux arbres du *genre* dont il fait partie, comme il est un des arbres résineux qui ont la plus grande importance forestière ; sa forme est comme celle de l'épicéa, régulièrement pyramidale ; ses feuilles planes et disposées comme celles de l'if, lui en ont fait donner le surnom. Elles sont blanches en dessous, et cette couleur donne à la verdure des sapins des

nuances diverses qui contrastent agréablement
avec la verdure sombre et monotone des épicéas,
lorsque ces deux espèces croissent en compagnie.

VIE ET VÉGÉTATION.

Le sapin commun n'a pas une végétation plus active que l'épicéa ; sa croissance est lente : M. de Perthuis dit qu'elle est à peine entièrement achevée à
cent ans. Peut-être la cause en existe-t-elle dans la
nature de ses racines qui sont faibles et peu abondantes ; aussi les sapins sont-ils exposés à être dé-
racinés par les vents qui en renversent quelquefois de très-grandes superficies.

Climat.

Presque tous les sapins, comme nous l'avons
déjà remarqué, sont originaires des pays septentrionaux. Mais celui-ci paraît mieux s'accommoder
des climats tempérés où il préfère cependant l'exposition du nord ; on en rencontre des forêts en
Auvergne, dans les Vosges, dans les Alpes, en
Suisse et en Allemagne. C'est de ces derniers pays
principalement que l'on tire la plupart des bois
de sapin que l'on emploie en France.

Accroissement.

Le sapin commun ne vient pas dans des dimensions aussi remarquables que l'épicéa. La hauteur

à laquelle il peut parvenir est de 80 à 90 pieds , mais le plus ordinairement il ne s'élève qu'à 60 ou 70 pieds ; ses branches meurent jusqu'à peu de distance de la cime , lorsqu'il croît en futaie ; sa tige, droite et bien filée , a communément de 15 à 20 pouces de diamètre à sa base.

Durée.

Tous les arbres dont la crue est lente , semblent destinés à vivre long-temps. La longévité , dans les végétaux , est une conséquence de la lenteur de leur accroissement. Cela paraît être une loi invariable de la nature ; on en remarque constamment les effets dans le domaine de la végétation.

Comme l'ont avancé quelques agronomes forestiers , le sapin commun croît encore à cent ans ; lorsque son accroissement s'arrêterait à ce terme, cet arbre serait bien susceptible de vivre encore le même laps de temps sans croître , car cela arrive souvent à d'autres espèces d'arbres de la même nature.

CULTURE.

Le sapin commun se reproduit , et on le cultive de la même manière que l'épicéa et autres arbres résineux dont nous avons parlé. Les moyens à employer pour faire les semis et les plantations,

le choix du terrein et l'exposition , tout ce que
nous avons dit enfin à cet égard pour les pins et
les sapins est applicable à la culture du sapin
commun.

EXPLOITATION ET PRODUIT.

Les produits du sapin commun s'obtiennent ordinairement par des abattages que l'on fait en éclaircie dans les forêts , afin de ne pas dépouiller le
sol forestier de l'ombrage nécessaire à la levée
des graines qui sont les seuls moyens de reproduction des arbres résineux. Car leurs souches ,
comme nous l'avons déjà remarqué , ne donnent
jamais de recru. Cependant , dans les pays montagneux , les vents abattent quelquefois des portions considérables de forêts de sapins , et ces
chablis remplacent alors les exploitations ordinaires.

Le sol forestier, nonobstant, n'est pas détruit
par ces bouleversemens. Les graines qui ont été
répandues pendant plusieurs années sur la terre,
lèvent parmi le friche et les broussailles dont le
sol finit par se couvrir , et il se forme sur ces em-
placemens une nouvelle forêt qui croît et s'élève
sans recevoir aucun soin.

Il est difficile de déterminer la valeur, en superficie, d'un sol forestier qui ne s'exploite pas en
coupe réglée comme celui des arbres résineux.

D'ailleurs cette valeur est relative comme celle de tous les bois ; elle dépend de l'étendue des forêts, de l'usage qu'on fait de leurs produits et des débouchés de commerce qu'offrent les localités. Les bois de sapins ne s'emploient point à des usages universels ; ils viennent dans des pays de montagnes où les accidens du sol rendent les frais d'exploitation et de transport très-dispendieux, à quoi il faut ajouter souvent l'absence totale de débouché commercial. Il est telles forêts de sapins, belles d'ailleurs, qui, par leur position locale, ont infiniment peu de valeur, tandis qu'il en est d'autres qui, sans être plus belles, en présentent beaucoup, étant favorisées des avantages des localités. Il n'est pas étonnant, dans les pays où se trouvent des forêts de sapins, de voir ces différences exister dans les proportions bien remarquables de 1 à 2, 1 à 4, et quelquefois des différences plus grandes encore.

UTILITÉ ET USAGE.

Bois à brûler.

Le bois de sapin produit, comme nous l'avons déjà vu, un excellent chauffage. Dans les pays où le sapin commun fait l'essence dominante des forêts, on en fait le bois de chauffage ordinaire ; il brûle bien et produit beaucoup de chaleur, mais son essence résineuse lui fait répandre dans les appartemens une odeur souvent incommode.

Le bois de sapin fournit d'excellent charbon. On l'emploie fréquemment dans la fabrication de ce combustible.

Usage dans les travaux d'art.

Le sapin commun fournit différens bois de charpente ; on le débite en planches, en chevrons, en membrures et plusieurs autres échantillons de sciage. On l'emploie dans les constructions civiles et navales, où il s'en fait une très-grande consommation. Mais on sait que c'est dans la menuiserie où il s'en fait surtout un grand usage. Le sapin, proprement dit, ne fournit pas tous les bois de cette nature, employés dans la menuiserie, malgré qu'on les désigne communément sous la dénomination de bois de sapin ; car on en tire aussi des épicéas et des différentes espèces de pins. En effet, les bois de ces dernières espèces étant débités, ont à peu près le même aspect, et leurs propriétés sont presque semblables ; il est facile alors de les confondre dans le commerce, et cela a peu d'inconvénient.

Des sucs résineux.

Les sucs résineux du sapin commun ne se durcissent pas à l'air comme ceux des épicéas et des

pins ; ils sont toujours liquides et transparens ;
ils fournissent, comme le mélèze, la véritable
térébenthine ; la récolte de cette substance résineuse est une opération importante dans les pays
où les sapins abondent. Tous les ans, au mois
d'août, dit Duhamel, les paysans voisins de cette
contrée y font une tournée pour ramasser la térébenthine. La résine du sapin commun se fixe à
l'extrémité supérieure de l'arbre, sous la première pellicule de l'écorce, et forme à chaque endroit de ces dépôts des vésicules très-apparentes.
Les paysans ont un cornet en fer-blanc et mon-
tent jusqu'à la cime des arbres, au moyen des
crampons en fer dont leur chaussure est armée ;
ils embrassent le tronc et sont bientôt, avec ces
ferremens qui entrent dans l'écorce, arrivés au
sommet de l'arbre ; avec leur cornet ils crèvent
chaque dépôt qu'ils rencontrent et reçoivent la
résine qui en découle dans ce cornet qu'ils vident
ensuite dans une bouteille suspendue à leur côté.

Cette substance résineuse est la térébenthine
proprement dite ; on la purifie par infiltration des
fragmens d'écorce ou autres corps étrangers qui
ont pu s'y mêler en la ramassant ; on la met ensuite dans des outres de peau, et c'est dans cet
état qu'elle est livrée au commerce.

On sait que cette térébenthine est employée
dans la médecine et dans la peinture.

PIN A PIGNONS. *PINUS PINEA.*

DESCRIPTION.

Caractères spécifiques.

Fleurs anthères, dont la crête est dentelée ou lacérée.

Fruits cônes ou strobiles, très-gros, écailles épaisses et très-élargies au sommet, graines raccourcies.

Feuilles géminées, ou deux à deux, ayant de 5 à 6 pouces de longueur.

Floraison. Elle se fait en avril.

Fructification. Le fruit est en maturité en hiver et se cueille au printemps.

Le pin à pignons est une des espèces les plus remarquables du *genre*, moins par la beauté de son aspect que par celle de son feuillage et de son fruit. La forme de cet arbre qui est d'une moyenne grandeur, n'est cependant pas sans agrément. Sa tige droite et quelquefois contournée, est presque toujours nue jusqu'à peu de distance de la cime; mais son sommet est couronné d'un grand nombre de branches horizontales souvent pendantes, qui donnent à sa tête une forme assez régulièrement arrondie. Son feuillage linéaire comme celui de la plupart des arbres résineux, se fait remarquer par sa verdure un peu cendrée et la grâce de son ensemble : ses feuilles filamenteuses ont jusqu'à six pouces de longueur ; elles se trouvent réunies en grand nombre sur toutes les branches terminales qui les présentent comme autant de faisceaux légèrement évasés à leur extrémité, et qui ont une rare élégance. Le fruit du pin à pignons que l'on connaît généralement aussi sous le nom de *pomme de pin*, est fort curieux ; c'est en effet une pomme taillée à facette de diamant, qui parvient jusqu'à la grosseur des deux poings. Ce cône magnifique est d'une forme presqu'arrondie ; ses écailles fortement renflées à leur extrémité sont régulièrement imbriquées les unes sur les autres. La grosseur de ce fruit et la symétrie parfaite de son ensemble lui donnent une beauté qui en fait, on le sait, emprunter la forme dans beaucoup d'ouvrages d'ornement.

VIE ET VÉGÉTATION.

Climat.

Le pin à pignons habite les contrées méridionales de l'Europe ; on le rencontre en Italie, en Espagne, et dans plusieurs départemens du midi de la France. Quelques voyageurs disent en avoir vu des portions de forêts assez considérables dans les provinces de la rive droite du Rhône; mais il croît en plus grande abondance en Espagne, notamment dans la Catalogne, la Castille et l'Andalousie.

Accroissement et durée.

Par la nature de ses pousses grosses et nourries, cet arbre doit avoir une végétation vigoureuse; il fait sa croissance assez rapidement, et parvient à la hauteur de 70 ou 80 pieds. Sa durée est beaucoup moins grande que celle des arbres résineux du Nord; sa vie paraît être aussi longue que celle du pin maritime, originaire des mêmes climats.

CULTURE.

La nature est admirable dans tous ses actes; elle possède tant de facultés occultes, que c'est souvent au moment où elle paraît inactive et indiquer les limites de ses ressources, qu'elle se plaît à dévoiler tous les trésors de sa sollicitude et de sa prévoyance. Sa marche, souvent, est lente, mais elle arrive à son but : la carrière de ses œuvres est un cercle plus ou moins grand qu'elle parcourt avec divers degrés de rapidité; l'industrie humaine l'aide quelquefois utilement, ou en dérange les lois; et souvent, comme si ces soins lui paraissaient indiscrets, elle les accueille momentanément pour se livrer ensuite à elle-même.

Nous avons vu que les pins se reproduisent tous seuls par leurs graines, qui se sèment et lèvent d'elles-mêmes sous les arbres et dans les terres en friche. Ainsi, le pin à pignons se perpétue et se multiplie de cette manière; ses graines le reproduisent sur le sol forestier même, et sur les terreins incultes qui les avoisinent. Elles sont long-temps à lever, mais enfin, au bout de trois ou quatre ans, elles donnent naissance à une grande quantité de plants. C'est véritablement une chose digne d'admiration, que ces sortes d'arbres qui ne peuvent pas, comme la plupart des autres espèces, renaître par le recru des souches, puissent se reproduire aussi facilement sans culture : il semble que la nature ait voulu par là leur donner un ample dédommagement. Il arrive fréquemment même que les jeunes pins ne se laissent apercevoir qu'à la cinquième année. Jusque-là, on désespère de leur apparition ; il semble que ces végétaux aient besoin des secours de la culture ; mais la lenteur de leur crue ne provient pas de la privation de ces soins ; au contraire, elle paraît être nécessaire au succès du plant, qui ne peut se montrer qu'après avoir jeté en terre de profondes racines qui prennent beaucoup de temps à se former.

On fait des semis de pins à pignons en pots et
en terre de bruyère. La culture, sans doute, peut
accélérer la levée; mais comme s'il était contrarié
de ces soins, le plant n'est pas aussi robuste que
celui qui vient de lui-même; ses racines, ayant
mis moins de temps à se former, sont plus tendres; le plant n'en tire point une bonne nourriture, et il n'a jamais la vigueur du plant naturel,
et par suite une aussi belle végétation.

Le pin à pignons croît dans les sables secs et
quartzeux : ainsi que le pin maritime, il aime peu
les terres crayeuses et calcaires. Les pins, en général, quoique peu délicats sur la nature du
terrein, réussissent mieux encore dans les terres
un peu substantielles et qui ont beaucoup de fond.
Le pin à pignons vient bien dans les plaines, mais
il se plaît surtout sur les montagnes.

EXPLOITATION ET PRODUIT.

Le pin à pignons ne compose pas d'aussi grandes parties de forêts que les diverses espèces d'arbres résineux dont nous avons parlé, et son exploitation n'a pas une aussi grande importance; néan-
moins, elle se fait de la même manière, soit en
éclaircie ou à blanc. Quant à la valeur des produits,
elle est subordonnée aux localités et aux usages
plus ou moins étendus auxquels on emploie son
bois.

UTILITÉ ET USAGE.

Le pin à pignons a très-peu de résine, et par cette raison il produit de meilleur bois à brûler que les autres arbres résineux; car cette substance donne à ces sortes de bois une qualité désagréable dans l'usage du chauffage.

Ce bois est blanc et très-bien veiné; on l'emploie à divers travaux de constructions civiles et navales; on en fait quelques pièces de charpente, des planches, des corps de pompe, des bordages de vaisseaux, etc., etc.

Des graines ou pignons.

Ce qu'on appelle *pignons* sont les graines de ce pin que renferment les strobiles : ce sont des amandes ayant à peu près la grosseur et la forme d'une féverole. Elles sont d'une substance oléagineuse, et on en fait une huile douce et agréable, qu'on emploie en médecine. On mange ces graines comme des amandes; on en fait des dragées ou des pralines, et dans plusieurs pays on cultive le pin à pignons exprès pour ses fruits. Nous avons eu occasion de voir les nombreuses propriétés en médecine qu'on attribue aux graines du pin à pignons que l'on tire d'Espagne et de diverses provinces du midi de la France.

La nature de ses fruits et leur usage dans l'économie ont donné un caractère saillant à l'arbre
qui les produit; ils ont motivé le nom spécifique
par lequel on le distingue des autres espèces
de pin.

MÉLÈZE, CÈDRE DU LIBAN.

LARIX. CEDRUS.

—◦—

DESCRIPTION.

𝕮aractères spécifiques.

Fleurs monoïques.

Fruits strobiles ovales, obtus et verticaux, écailles semi-circu
laires, fortement pressées les unes contre les autres.

Feuilles filiformes, fasciculées, persistantes et toujours vertes.

Floraison. Elle se fait au printemps.

Fructification. Les cônes sont à leur maturité
en octobre, mais restent deux années sur l'arbre
sans s'ouvrir, ce qui les fait confondre souvent
avec les nouveaux fruits.

Le cèdre du Liban est un des plus beaux arbres dont la nature ait paré la terre. Il ne se
trouve point dans nos forêts; on ne le rencontre
que dans les jardins des curieux. Il est peu d'arbres dont on ait parlé davantage et qui aient autant fixé et mérité l'attention; aussi est-il plus
connu par citation que par lui-même. En effet,
cet arbre, par les vastes dimensions de sa sta-

ture, la beauté peu commune de ses formes et la majesté de son aspect, est un des plus admirables végétaux que l'on connaisse. La durée de sa vie ne le rend pas moins remarquable encore ; elle paraît susceptible de traverser plusieurs siècles ; chez les anciens, il passait pour être indestructible. Sa tige parvient à une grande hauteur, ses branches l'entourent jusqu'à son sommet ou divisent le tronc en plusieurs corps ; elles s'étendent, avec leurs ramifications très-nombreuses, jusqu'à 40 pieds du tronc, dans une direction si parfaitement horizontale, qu'elles présentent comme autant de planchers de verdure étagés régulièrement jusqu'à la cime de l'arbre. Son feuillage court, persistant et très-épais, complète en quelque sorte l'illusion de cette forme singulière, et le vert sombre qui le colore, en ajoutant à la beauté grave de son aspect, semble lui imprimer le caractère de l'éternité.

On admire cet arbre magnifique à Paris, au Jardin du Roi, où il en existe un individu qui est un des plus beaux que l'on connaisse en France.

Le cèdre porte une grande quantité de fruits. Ce sont des strobiles cylindriques et ovoïdes, assez semblables, pour la grosseur et la forme, à un œuf de cigne. Ils sont placés verticalement sur les branches et présentent dans cette disposition un coup d'œil fort curieux.

La patrie du cèdre est l'Asie Mineure ; il cou-

vrait anciennement les montagnes du Liban, qui
s'étendent depuis les confins de la Palestine jusqu'au-delà de Damas, en faisant un circuit de plus
de cent lieues. Cet arbre fut célèbre chez les peuples de l'antiquité. On lit dans l'Écriture sainte
qu'il fournit le bois nécessaire pour la construction du temple que le roi Salomon fit élever au
Seigneur. On remarque qu'il lui fut donné une
grande préférence dans l'édification de ce saint
ouvrage, sans doute à cause de sa longue durée
et de son incorruptibilité.

Le cèdre est rare maintenant sur le mont Liban : quelques personnes qui ont visité ces contrées disent que de nos jours on n'y en voit plus
guère qu'une centaine de très-gros arbres. D'autres voyageurs cités par M. Desfontaines, rapportent qu'il en existe des forêts dans d'autres parties
de l'Asie Mineure, sur le mont Aman et le mont
Taurus, et que l'on n'en rencontre en abondance
que dans ces contrées.

VIE ET VÉGÉTATION.

Climat.

Quoiqu'originaire des pays chauds, le cèdre du
Liban vit aussi dans les climats tempérés. Il croît
dans toutes les latitudes de la France, où on ne
le trouve encore que dans les jardins ; il est ce-

pendant sensible aux grandes gelées quand il est
jeune, et il est nécessaire de l'en garantir par des
abris. Cette difficulté de l'élever a sûrement em-
pêché jusqu'ici de faire de cet arbre une essence
forestière chez nous ; car il est connu depuis long-
temps, et l'on n'ignore pas les grandes ressources
que son bois pourrait offrir dans l'économie. Toutefois, lorsque le cèdre a passé les premières années de sa jeunesse, il ne craint plus le froid,
et il supporte facilement les hivers rigoureux.

Végétation et accroissement.

Le cèdre a une végétation très-active : les dix
premières années, il fait ses racines, il s'accli-
mate, et son accroissement est peu sensible; mais
ensuite il devient extrêmement rapide, et il peut
parvenir en vingt ans à 40 pieds de hauteur. Cet
arbre, qui vit très-long-temps et vient dans des
dimensions gigantesques, doit mettre un bien
grand nombre d'années à parcourir la carrière de
son accroissement. Les voyageurs qui ont vu les
cèdres qui restent aujourd'hui sur le mont Liban,
disent en avoir mesuré un dont le tronc avait 28
pieds de tour, ou 9 pieds de diamètre. D'après le
rapport de M. Desfontaines, le cèdre serait susceptible de venir dans des dimensions plus considérables encore : il dit que cet arbre peut acquérir jusqu'à 12 mètres ou 36 pieds de circonférence,
et s'élever de 90 à 100 pieds de hauteur.

Le cèdre du Liban que l'on voit à Paris, au Jardin du Roi, peut témoigner en faveur de ces rapports. Son âge est de cent ans ; son tronc est parvenu à près de 5 pieds de diamètre, et il paraît disposé à augmenter beaucoup son accroissement.

Durée.

La plupart des auteurs qui ont parlé du cèdre du Liban disent qu'il vit un grand nombre de siècles, mais ils n'en déterminent pas précisément la durée.

CULTURE.

Le cèdre n'étant point forestier chez nous, sa culture n'est pas d'une grande importance dans l'économie ; elle ne sert guère qu'à le placer dans les jardins d'agrémens ; mais comme cet arbre est très-connu et susceptible de former une bonne essence forestière, nous l'avons compris dans les arbres de cette catégorie. Peut-être aussi l'histoire que nous en donnons pourra-t-elle engager à en étendre la culture:

Le cèdre s'accommode des terreins secs et graveleux, mais il préfère encore les terres substantielles. Il croît sur les rochers et se plaît dans les plaines, mais beaucoup mieux sur les montagnes.

Le cèdre se reproduit par ses graines. Il ne se propage chez nous que par les soins de la culture; mais dans les pays où il vient en forêt, il se perpétue vraisemblablement de lui-même comme les autres arbres résineux. On obtient les graines des strobiles en les exposant au soleil ou à la chaleur du four, qui les fait ouvrir; mais on parviendra plus facilement à séparer les écailles, si on détruit l'axe autour duquel elles sont fixées, en le perçant avec une vrille d'une grosseur proportionnée.

Pour faire des élèves de cèdre du Liban, on choisit ordinairement la terre de bruyère. Du reste, sa culture est la même que celle du mélèze. On sème la graine dans des terrines ou plateaux de terre exposés de manière à garantir les jeunes plants de l'ardeur du soleil, en été, et des fortes gelées, en hiver. A la troisième année des semis, le plant peut avoir 5 à 6 pouces de hauteur; on le transplante dans la pépinière, où on le cultive encore pendant cinq à six ans. Les jeunes cèdres, alors, sont propres à être plantés en massifs ou en avenues.

UTILITÉ ET USAGE.

Comme le cèdre du Liban ne forme pas de forêts en France, nous ne parlerons pas de son exploitation ni de ses produits en matières, ainsi que de leur valeur, puisqu'ils n'existent point dans le commerce. Nous examinerons seulement ses diverses propriétés.

Le bois de cèdre a beaucoup d'affinité avec celui du mélèze. Comme celui-ci, il est blanc et quelquefois d'une couleur rougeâtre ; il est un peu plus léger, est susceptible de recevoir le même poli, et a à peu près la même dureté ; il passe pour être incorruptible et d'un très-bon service dans les constructions. Ce bois est trop rare en Europe pour qu'on puisse avoir fait généralement l'expérience de ses propriétés. On ne peut en parler que sur des observations qui n'ont pu être faites que sur une échelle peu étendue, ou d'après le récit des historiens.

Matthiole parle du cèdre du Liban, et il l'a très-bien connu. Il le décrit d'ailleurs de manière à ne laisser aucun doute à cet égard. Voici ce qu'il dit du bois de cèdre : « Le cœur du cèdre est extrê-
» mement dur et odorant, et est rouge comme
» celui du mélèze. En somme, toute la matière
» du bois de cèdre est fort dure, qui est la cause
» pourquoi les anciens l'ont estimé immortel,
» ayant opinion qu'il ne peut devenir vieil, caduc
» ni vermoulu. Pour cette cause, Salomon, roi de
» Juda, fit bâtir le temple de Jérusalem de cèdre ;
» et d'ailleurs, les payens et gentils en formoyent
» leurs statues et images, estimant qu'elles se-
» royent de telle durée que si elles étoyent de
» marbre ou de bronze. Le bois de cèdre est non
» seulement bon à faire navires, mais aussi est
» somptueux en tous bâtimens de conséquence,

» comme bois qui demeure toujours en son entier
». saus estre corrompu. »

Des sucs résineux du cèdre.

Les sucs résineux du cèdre sont de deux sortes ;
l'une est une résine liquide qui forme une tumeur
sous l'épiderme, comme celle du sapin commun ;
l'autre est placée entre l'écorce et le bois : elle
sort par les gerçures et se durcit un peu à l'air.
Ces deux espèces de résine, dit Matthiole, étaient
connues chez les anciens sous le nom de *cédria*.
On les employait aux embaumemens, ce qui, ajoute
Matthiole, les a fait appeler par d'aucuns *vie des
morts*. Cet auteur leur attribue diverses propriétés en médecine.

CHÊNE VERT OU YEUSE. *QUERCUS ILEX.*

DESCRIPTION.

Caractères spécifiques.

Feuilles persistantes et toujours vertes, sans divisions : leur forme est variable; elles sont ovales ou arrondies , quelquefois aiguës , bordées de dents épineuses ou sans dents; elles sont blanches en dessous à leur naissance.

La *floraison* et la *fructification* se font de la même manière et aux mêmes époques que celles du chêne commun.

Le chêne vert croît abondamment et sans culture dans le midi de l'Europe. Il ne forme que de nombreux buissons dispersés , et ne compose point de masses de forêts. C'est un arbre de moyenne stature ou un grand arbrisseau d'un aspect intéressant par la verdure de son feuillage , qui est continuelle. L'yeuse est agréable dans les bosquets d'hiver, où on la place parmi les arbres toujours verts. On la rencontre fréquemment aux environs des champs d'oliviers , auxquels elle a beaucoup de ressemblance au premier coup-d'œil.

VIE ET VÉGÉTATION.

Climat.

Le chêne vert, quoique originaire du Midi, croît cependant aussi dans les climats tempérés de l'Europe. On ne le trouve, il est vrai, en grande abondance que dans le midi de la France, en Espagne et dans l'Asie Mineure ; mais dans ces contrées, il se plaît davantage à l'exposition du nord.

Accroissement et durée.

Le chêne vert a une très-longue durée : il vit plusieurs siècles. Pline parle d'un chêne vert qui existait sur le Vatican, qui était plus ancien que la ville de Rome. Cet arbre a un accroissement très-lent, et il ne s'élève guère au-delà de 30 à 36 pieds de hauteur ; mais son tronc paraît susceptible d'acquérir avec les années une grosseur extraordinaire, si on en croit le rapport des anciens. Pline rapporte qu'il existait de son temps, auprès de la même ville, dans les environs d'un bois consacré à Diane, une yeuse dont le tronc avait 12 pieds de diamètre, et se divisait en dix branches qui formaient elles-mêmes autant de corps

d'arbres énormes. Le traducteur de ce naturaliste cite ces vers de l'héroïde de Sapho à Phaon ,
qui ont transmis cet arbre curieux à la posté-
rité.

Non loin de ces forêts tranquille et sans murmure ,
Parmi l'émail des prés coule une source pure ;
Un chêne étend au loin ses rameaux à l'entour
Et forme un bois lui seul impénétrable au jour.

CULTURE.

Le chêne vert se propage par ses semences. Il
se plaît particulièrement dans les terres sablonneuses : sa culture est la même que celle du chêne
de nos forêts. On sème les glands en automne ,
aussitôt leur maturité , si on cultive le chêne vert
dans les provinces méridionales ; mais il faudrait
ne semer qu'au printemps dans des climats moins
chauds, où les glands auraient à redouter les ri-
gueurs de la mauvaise saison.

UTILITÉ ET USAGE.

Le bois du chêne vert étant dur et compacte ,
ne peut qu'être susceptible de produire un bon
chauffage, et sans doute on l'emploie fréquemment
à cet usage dans les pays où il abonde.

La fermeté et la solidité de ce bois le rendent
propre à un grand nombre de travaux d'art. On
le débite en planches , en solives. On en fait des

moufles, des roues d'engrenage, etc., etc., et on l'emploie à divers ouvrages de charronnage.

L'écorce du chêne vert s'emploie aussi au tannage des cuirs.

CHÊNE-LIÉGE. *QUERCUS SUBER.*

DESCRIPTION.

Caractères spécifiques.

Feuilles ovale-oblongues, entières, dentelées, cotonneuses en dessous et persistantes.

Écorce fongueuse et gercée profondément.

Floraison et *fructification* comme celles du chêne vert.

Le chêne-liége a, dans toutes ses parties, une grande ressemblance avec l'yeuse; sa taille est la même, son feuillage a, à peu de chose près, la même forme; il est également persistant et toujours vert. Mais il a une bien plus grande importance dans l'économie; c'est l'arbre qui produit le liége dont il se fait un usage et un commerce si universels. Son tronc parvient souvent à une grosseur considérable; il se couvre d'une écorce épaisse et spongieuse, et crevassée profondément. C'est le liége qu'on obtient par les procédés que nous allons examiner. C'est pour cette utile production que l'on cultive en grand ce chêne dans les provinces méridionales de la France, en Italie, en Espagne et sur les côtes d'Afrique.

VIE ET VÉGÉTATION.

Climat.

Le chêne-liége, originaire du midi de l'Europe, croît aussi dans quelques parties des climats tempérés ; mais il ne vient dans les proportions que lui a données la nature, que dans les pays chauds. Étant fort sensible à la gelée, il ne pourrait supporter la température du nord de la France ; même dans les provinces méridionales, il souffre des grands froids. Duhamel rapporte que lors du grand hiver de 1709 presque tous les liéges furent atteints par la gelée, en Italie, dans la Provence et le Languedoc ; mais que peu à peu ce dommage s'est réparé.

Accroissement et durée.

Le chêne-liége a un accroissement aussi lent que l'yeuse. La hauteur à laquelle il parvient est de 30 à 40 pieds, et son tronc devient extrêmement gros. Sa durée est grande; Duhamel dit qu'il peut vivre plus de cent cinquante ans.

CULTURE.

Le liége se multiplie aussi par ses graines ; on

sème le gland en automne en pleine terre ; on en fait des élèves dans les pépinières pour planter ensuite à demeure.

Ce chêne aime les terreins secs et montueux ; il se plaît surtout dans ceux qui sont sablonneux. Selon Duhamel, l'écorce des liéges qui croissent dans les terres fortes, est d'une qualité inférieure. Cet arbre fait sa croissance plus vite et donne plus promptement son écorce, si on lui donne les soins de la culture ; mais cet auteur pense que le liége est beaucoup moins parfait que lorsque l'arbre est livré à lui-même.

EXPLOITATION ET PRODUIT.

Il faudrait sans doute que cet arbre ne fournît plus de liége pour qu'on puisse se décider à l'exploiter en bois de chauffage ou de service, car les produits de son écorce présentent de trop grands avantages : à moins, cependant, que la privation de toute autre sorte de bois pour les besoins domestiques, ou que la grande abondance de celui-ci n'en commande l'emploi dans cet usage. Dans ce cas, l'exploitation doit s'en faire comme celle de toute autre espèce de bois.

Nous allons traiter de l'extraction du liége qui est le produit principal du chêne dont il est question.

De l'exploitation du liége.

Comme nous l'avons vu, le liége est la partie extérieure de l'écorce de l'arbre ; elle est fixée sur le liber. Presque tous les arbres ont cette sorte d'écorce toute crevassée où elle a divers degrés de dureté qui la font approcher plus ou moins de la nature du bois. Sur l'arbre dont il s'agit, cette écorce est extrêmement épaisse, molle et spongieuse. On l'appelle *liége*, et l'arbre qui le produit en porte le nom.

On fait l'extraction de l'écorce des chênes-liéges tous les sept à huit ans. On commence cette opération lorsque l'arbre a atteint l'âge de quinze ans ; cela s'appelle faire la première *tire*. Le produit n'est encore bon qu'à brûler, et on a le but en faisant cette première extraction, de préparer l'arbre à fournir une écorce plus épaisse et plus molle. La seconde *tire* n'a pas encore acquis ces propriétés ; ce n'est qu'à la troisième et à la quatrième *tire* que le liége est parfait. On continue ainsi tous les huit ans, et les chênes peuvent fournir du liége pendant cent cinquante ans. Plus l'arbre est vieux, plus cette substance est de bonne qualité.

Il semblerait que la soustraction si réitérée de son écorce devrait altérer l'arbre ; mais, comme on le voit, cela ne nuit point à son accroissement ;

cette écorce n'est pas nécessaire à sa végétation, attendu que la sève ne circule qu'entre le liber et le bois. Aussi a-t-on bien soin de ménager cet épiderme sur lequel se reproduit chaque fois la substance fongueuse dont il s'agit. Il arrive quelquefois que cette pellicule se trouve enlevée ; c'est un grand dommage alors, parce que l'arbre ne produit plus de liége à cet endroit jusqu'à ce que le liber se soit formé, ce qui n'arrive qu'au bout de plusieurs années.

C'est en juillet et août, entre les deux sèves, que l'on procède à l'extraction du liége. On fait sur la tige de l'arbre plusieurs incisions longitudinales qui se terminent en bas et en haut par des coupes transversalles. On frappe l'écorce avec un morceau de bois pour l'en détacher ; on achève de la séparer du tronc au moyen d'un instrument aplati que l'on fait glisser entre l'arbre et cette écorce ; elle se détache alors et forme des planches de liége auxquelles on donne la longueur et la largeur que l'on veut. On les corroie ensuite afin d'unir la superficie, et on les passe à la flamme du mauvais liége destiné à être brûlé, pour en resserrer les pores. On lave, après cela, ces planches que l'on place les unes sur les autres en les chargeant de différens fardeaux pour les redresser. C'est dans cet état que le liége est livré au commerce.

UTILITÉ ET USAGE.

La grande consommation que l'on fait du liége en beaucoup d'usages, en fait une branche de commerce considérable, tant en importation qu'en exportation. On en fait les bouchons de bouteilles, des bondons de tonneaux, des bouées de navire, des chapelets pour les filets de pêche, des vases, etc., etc. Les anciens en faisaient usage pour leur chaussure. « Les dames, dit Matthiole, » s'en servoyent en leurs pantoufles et pianelles » en hiver ; tellement que les Grecs pour sor- » netter les dames empantouflées, les appeloyent » escorces d'arbres. » On brûle le mauvais liége pour en obtenir une poudre noire employée dans les arts et qu'on appelle *noir d'Espagne*.

Le bois du chêne-liége est dur et compacte comme celui de l'yeuse, et il est propre au même usage. Son gland est presque doux en Espagne ; on le mange quelquefois grillé comme des châtaignes.

PEUPLIER. *POPULUS.*

DESCRIPTION.

Caractères génériques.

FLEURS DIOÏQUES.

Fleurs mâles, disposées en chatons cylindriques pendans, accompagnées chacune d'une écaille caduque dentée ou lacérée au
sommet; calice évasé, entier, tronqué obliquement; huit à trente
étamines attachées à la base du calice.

Fleurs femelles, en chatons comme les mâles; écailles et calice
idem, ovaire supère; quatre stigmates, capsule polysperme,
oblongue, bivalve, à une loge; graines aigrettées; pétiole aplati
latéralement dans la plupart. (DESFONTAINES.)

Les peupliers appartiennent à la famille des
amentacées, comprise dans la quinzième classe
des végétaux, selon la méthode naturelle de
Jussieu.

On connaît douze espèces de peupliers. Nous
traiterons de celles suivantes qui se trouvent dans
nos forêts ou qui sont classées parmi les arbres
forestiers.

12

Le peuplier blanc, dit ypréau ou blanc d'Hollande, originaire de France.

Populus *alba*. (LINNÉ.)

Le peuplier grisart, originaire de France.

Populus grisea.

Le peuplier tremble, originaire du même pays.

Populus tremula. (LINNÉ.)

Le peuplier noir, dit peuplier suisse, originaire de France.

Populus nigra. (LINNÉ.)

Le peuplier d'Italie ou pyramidal.

Populus fastigiata. (DESFONTAINES.)

Le peuplier du Canada, originaire de l'Amérique septentrionale.

Populus molinifora. (HORTUS KEWENSIS.)

Les peupliers, quoique très-utiles par la rapidité de leur crue, n'occupent qu'un second rang dans l'économie forestière, parce que leur bois est tendre et ne peut s'employer qu'à des usages très-limités.

Les peupliers fleurissent à la fin de l'hiver, en février et mars.

PEUPLIER BLANC DIT YPRÉAU, OU BLANC D'HOLLANDE.

POPULUS ALBA.

Caractères spécifiques.

Feuilles cordiformes, lobées, dentelées, blanches et cotonneuses en dessous.

Le peuplier blanc est un des végétaux qui méritent l'admiration. On le connaît facilement à la blancheur de son écorce et à son feuillage remarquable par le contraste des deux couleurs verte et blanche qu'il réunit. Dans les lieux où il se plaît, il déploie toutes les richesses de sa végétation, et il devient l'un des plus beaux arbres de la nature. Sa tige qui acquiert une grosseur considérable, est droite et bien filée. Elle s'élève beaucoup et donne, aux deux tiers de sa hauteur, naissance à des corps de branches énormes qui s'étendant obliquement à une grande distance, donnent à la tête de l'arbre une vaste périphérie. Son aspect est rempli de majesté et de grâce, et ne le cède en rien à celui des arbres les plus magnifiques de nos forêts.

Les anciens l'avaient consacré à Hercule parce que, selon les uns, ce héros s'était reposé sous son ombrage; suivant d'autres, parce qu'il l'avait apporté des bords de l'Achéron et revint des enfers le front ceint d'une couronne de peuplier blanc.

12.

Les Grecs, les Romains et les Gaulois qui rendaient un culte à Hercule, se couronnaient de peuplier blanc lorsqu'ils lui faisaient des sacrifices.

Dans quelques pays il transude des peupliers une liqueur jaune et transparente qui se durcit à l'air et que plusieurs auteurs anciens ont prétendu être ce qui fournissait l'ambre. Les uns ont avancé cette opinion, les autres la démentent en disant que l'ambre est produit par quelques espèces d'arbres résineux. Toutefois Matthiole, dans ses commentaires sur Dioscoride, dit que selon *Brasauolus, Avicenne* et *Sérapio*, auteurs qu'il cite, l'ambre n'est autre chose que la gomme du peuplier blanc. On appelait aussi cette substance *larmes dorées.*

Les poètes grecs avaient attaché une idée merveilleuse à cette production; selon la fable, les Helliades avaient été changées en peupliers après avoir pleuré pendant quatre mois entiers la chute et la mort de Phaëton, leur frère. Ces poètes faisaient entendre que la liqueur en larmes que jettent continuellement les peupliers et principalement ceux qui croissent sur les bords du Pô en Italie, venait des pleurs que les Helliades ou filles du soleil versaient en abondance au moment de leur métamorphose qui eut lieu auprès de ce fleuve.

VIE ET VÉGÉTATION.

Le peuplier blanc aime les lieux humides et vit dans les marécages. Il est parmi les arbres amphibies celui qui utilise le plus richement ces sortes de terreins perdus ordinairement pour l'agriculture. Sa végétation y est superbe, et il a une crue très-rapide ; il produit souvent des bourgeons de cinq pieds de hauteur dans une année.

Climat.

Cet arbre, originaire de France, croît dans presque tous les climats de l'Europe ; il n'est sensible ni au froid ni aux grandes chaleurs ; rarement il devient une essence dominante dans nos forêts, mais il s'y trouve répandu presque partout.

Accroissement.

On peut regarder le peuplier blanc comme celui des arbres forestiers de grande stature, dont la croissance est la plus prompte. On voit fréquemment des ypréaux âgés de quinze ans, former des arbres de 30 à 40 pieds de hauteur, dont la tige a déjà acquis un pied de diamètre dans le terrein où ils se plaisent. Le peuplier blanc s'élève jusqu'à 90 pieds de hauteur, et son tronc peut acquérir 12 à 15 pieds de circonférence, au terme de son accroissement.

Durée.

Tous les arbres qui ont un accroissement rapide n'ont pas une très-grande longévité et *vice versâ ;* ceux qui ont une longue durée, croissent lentement. Cette loi de la nature est assez constante dans les végétaux, et la connaissance d'un de ces deux actes de leur vie semble pouvoir mener à celle de l'autre : au moins le tableau de ces compensations s'offre-t-il souvent à nos yeux dans l'histoire des végétaux.

Quelques auteurs ont prétendu que l'ypréau faisait toute sa croissance en quarante ans ; d'autres assurent qu'il augmente son accroissement jusqu'au-delà de soixante ans. Ces deux opinions ne sont pas absolument contradictoires, et cette différence de durée peut exister dans la vie de cet arbre ; elle dépend des localités où on l'aura observée. Le peuplier blanc en massifs, privé de l'engrais météorique, ne peut acquérir les proportions que lui a données la nature ; ses dimensions sont plus rétrécies, et le terme de son accroissement est beaucoup plus borné. On sait que les bois blancs, dans les futaies, ne vivent guère au-delà de quarante ans ; mais lorsque l'ypréau vient isolément, qu'il peut prendre ses dimensions naturelles, le terme de sa croissance est à soixante ou soixante-dix ans.

Les peupliers, en général, ne vivent pas long-temps après avoir fini leur accroissement. Cependant les ypréaux qui viennent isolément entretiennent leur végétation sans croître bien plus long-temps que ceux qui viennent en futaie. On remarque que ces arbres passent rarement cent ans sans être dépérissant.

CULTURE.

Le peuplier blanc est un des arbres forestiers dont la culture peut offrir les plus grands avantages aux propriétaires, parce que ses produits sont prompts et abondans. On le cultive beaucoup en Hollande et en Flandre, aux environs d'Ypres d'où il a tiré le nom d'ypréau et de blanc d'Hollande.

Terrein.

L'ypréau, à l'exception des plus mauvaises terres, s'accommode assez bien de toutes les autres; mais ce n'est que dans les terreins humides ou aquatiques que toutes les ressources de sa végétation se déploient. Nous avons vu quelle rapidité d'accroissement il a dans ces localités. On ne peut guère trouver d'arbres qui y fassent naître de plus grands produits. Ces avantages ont, depuis long-temps, fixé l'attention des agronomes :

ils en ont beaucoup parlé. Rosier dit qu'à Ypres
et dans d'autres endroits de la Flandre, il est d'u-
sage, dans quelques familles, pour peu qu'elles
soient aisées, d'assurer la dot des enfans en plantant, le jour de leur naissance, un millier de peupliers qui au bout de vingt ans produisent vingt
mille francs; d'autres écrivains forestiers ont remarqué aussi qu'un peuplier était susceptible de
produire un franc par année. En effet, un arbre
qui en quinze ans peut s'élever à 40 pieds de hauteur et avoir une tige de 30 à 36 pouces de circonférence, ce dont on fait l'expérience tous les jours,
peut bien valoir 15 francs au moins, ne l'estimait-on que comme bois à brûler.

Mais ce qui augmente surtout les avantages de
la culture du peuplier, c'est qu'en ayant la faculté
de croître dans les endroits aquatiques, cette essence offre les moyens d'utiliser des terreins d'une
étendue souvent considérable, qui sont stériles
pour toute autre culture et dont les non-valeurs
produiraient sans cela de grandes pertes. En outre,
les soins qu'exige la multiplication des peupliers
sont très-peu dispendieux; tout engage véritablement à s'attacher à la culture de cet arbre qui ne
fait rien risquer et qui promet beaucoup.

Moyens de multiplication.

L'ypréau se propage sur le sol forestier par le
recru de sa souche lorsqu'on l'abat, et par les

drageons que les racines produisent en grande abondance.

Ses racines tracent beaucoup et s'étendent à fleur de terre à une grande distance. Il suffit qu'il se trouve dans un endroit quelques-uns de ces peupliers pour que le terrein soit bientôt couvert de leurs accrues. Elles sont souvent nuisibles aux essences dont la végétation n'est pas aussi forte que la leur. Toutefois, cette propriété a moins de préjudice que d'avantage dans les bois, attendu que les accrues de peuplier ne prennent toujours que momentanément le dessus sur des essences de meilleure qualité dont la durée est plus longue. D'ailleurs ces accrues ne se formant en plus grande abondance que dans les clairières où rien ne les gêne, les peupliers deviennent, par ce moyen, une essence précieuse, parce qu'ils contribuent d'une manière prompte et économique au repeuplement des forêts.

Les peupliers portent les fleurs mâles et femelles sur deux individus séparés, ce qu'exprime le mot *dioïque*, de leurs caractères génériques, indiquant les plantes de la famille *dioëcie* qui signifie *deux maisons*. Il en existe une espèce, le peuplier d'Italie, dont on ne connaît que l'individu mâle en France. Soit qu'on ait trouvé de la difficulté à obtenir leurs graines ou qu'on ait trouvé plus facile et plus prompt de les perpétuer autrement; dans la culture, on ne propage pas les peupliers par leurs semences, mais par les drageons et les boutures.

Les drageons qu'ils produisent en grande quantité, offrent un moyen de multiplication sûr et commode, parce qu'à mesure qu'ils se forment, ils produisent pour la plupart de nouvelles racines qui en font un plant aussi parfait que celui qui serait venu de graine. On arrache ce plant, qui sert aux plantations qu'on fait à demeure dans les forêts ou dans les pépinières, pour faire des arbres-tige.

Les boutures se font à la fin de l'hiver. Cette opération consiste à couper les jeunes branches de l'arbre et à les tailler de manière à ce qu'elles soient garnies de quatre boutons au moins. On les enfonce dans un terrein frais et préparé à l'ombre, en laissant un ou deux yeux dehors, et à la troisième année, celles qui auront repris pourront être arrachées et transplantées dans les pépinières pour faire du plant forestier ou des arbres-tige. Mais pour le repeuplement des forêts, lorsqu'on adopte ce moyen de multiplication, on fait les boutures sur le sol forestier même, en les espaçant comme si l'on faisait une plantation.

Plantations.

Les plantations forestières d'ypréaux, soit de plant ou de boutures, se font de la même ma-

nière que celles des autres essences dont il a été
parlé dans cet ouvrage ; mais elles exigent beaucoup moins de soins. Si elles sont faites dans un
terrein aquatique, elles n'auront pas besoin de
culture ; dans les autres terreins, elles exigeront un
entretien pendant une, deux ou trois années, selon la manière dont elles y prospéreront.

Pour les plantations en ligne, on prend les arbres-tige à huit ou dix ans ; comme pour les ormes,
on défonce le terrein en tranchées de 2 pieds environ de profondeur, ou bien l'on fait de grands
trous. On plante l'arbre ensuite, après l'avoir étêté
à 7 ou 8 pieds de hauteur.

EXPLOITATION ET PRODUIT.

On exploite le peuplier ypréau en taillis et en
gaulis, mais il n'arrive pas à l'état de futaie, parce
qu'il atteint rarement l'âge de quarante ans, sans
être dépérissant dans les massifs. On le coupe plus
souvent encore en taillis de vingt-cinq ans. Il présente aussi de plus grands avantages dans cet
aménagement ; car le nouveau recru acquerra
toujours plus de valeur en quinze ans, que le bois
ne l'aurait fait de vingt-cinq à quarante ans, si on
ne l'eût pas abattu.

Mais on a peu souvent l'occasion de régler les
coupes de cette essence, parce qu'étant rarement
dominante dans les forêts, elle suit l'aménage-

ment des autres essences parmi lesquelles elle se trouve mêlée.

La valeur des produits en matières des peupliers, appelés dans le commerce *bois blanc* ou *bois tendre*, est à peu près moitié de celle des essences dures.

UTILITÉ ET USAGE.

Le peuplier ne fournit qu'un bois de chauffage de qualité inférieure ; il brûle mal et produit peu de chaleur si il est vert ou trop passé ; mais s'il a conservé son nerf, il fera encore bon usage. On s'en sert communément comme bois à brûler, et principalement dans la boulangerie.

Usage dans les travaux d'art.

Le bois de peuplier étant mou et de peu de durée, a des usages très-limités dans les arts. On l'emploie quelquefois cependant comme bois de charpente dans des constructions de peu d'importance. On le débite en planches qui servent dans la menuiserie et aux layetiers ; on en fait des sabots, de la volige pour les couvertures en ardoises, etc., etc. Les sculpteurs l'emploient pour divers ouvrages.

PEUPLIER GRISART. *POPULUS GRISEA.*

PEUPLIER TREMBLE. *POPULUS TREMULA.*

DESCRIPTION.

Caractères spécifiques.

Le grisart : *Fleurs* chatons cylindriques.
Feuilles presque rondes, dentelées, terminées par une pointe un peu recourbée.
Le tremble : *Feuilles* orbiculaires, dentelées, lisses des deux côtés, pétiole comprimé.

Le peuplier grisart et le tremble ont le même aspect et la même stature. Leur écorce unie est d'un vert clair, et leur feuillage, légèrement argenté en dessous, a, du reste, le même ton de verdure ; ils diffèrent par la forme de la feuille, qui est ronde et crénelée, dans le tremble, et disposée en cœur dans le grisart. On les rencontre dans les bois aussi fréquemment que l'ypréau ; ils s'élèvent dans les massifs, à la même hauteur que ce dernier, et ne forment pas dans les forêts une essence plus dominante. Lorsqu'ils croissent isolément, le grisart et le tremble deviennent aussi de très-grands arbres; mais ils ne paraissent pas susceptibles d'atteindre les dimensions des ypréaux parvenus au dernier degré de leur accroissement.

Les feuilles du tremble sont supportées par des pétioles longs et aplatis latéralement, qui offrent si peu de résistance à l'air, que le plus léger souffle suffit pour les mettre en mouvement; aussi sont-elles dans une agitation presque continuelle, ce qui a donné le nom de *tremble* à ce peuplier. Cet arbre, à cause de cette disposition, est, dans la solitude des campagnes, d'un effet qu'on ne peut rendre; les oscillations régulières de son feuillage, agité même par le temps le plus calme, produisent un bruit léger et continuel si parfaitement semblable au bruissement lointain des ruisseaux s'échappant en cascades, que leur présence semble donner aux lieux où ils sont placés tout le charme que le doux murmure des eaux prête ordinairement aux diverses scènes de la nature.

VIE ET VÉGÉTATION.

Le grisart et le tremble ont les mêmes périodes de croissance et de décroissance que l'ypréau. Comme cet arbre, ils ne viennent dans leurs dimensions naturelles que lorsqu'ils croissent seuls ou en avenues. Mais leur végétation n'a pas la même énergie que celle de l'ypréau, et ils ne deviennent point des arbres d'une aussi grande stature.

Le tremble, selon M. de Perthuis, paraît susceptible de vivre cent cinquante ans. Cependant son bois se gâte souvent au tiers de sa vie ; et par cette raison, on ne le laisse guère arriver au terme de sa longévité.

CULTURE

Ces deux espèces d'arbres se propagent de drageons, de boutures et de marcottes, et aussi par le recru de leurs souches, lorsqu'on les abat. Ils s'accommodent de tous les terreins, à l'exception de ceux qui sont trop secs. Les plantations de ces essences exigent un peu plus de soins que celles des ypréaux, à cause que leur végétation est moins vigoureuse ; du reste, leur culture est la même.

EXPLOITATION ET PRODUIT.

Le tremble et le grisart sont des essences forestières d'une grande utilité, parce qu'elles croissent surabondamment parmi les essences à bois dur, sans leur nuire. Elles fournissent une véritable augmentation de produit, puisqu'il ne diminue pas celui des autres espèces d'arbres qui les entourent. Mais pour tirer un meilleur parti de ces produits, il faudrait exploiter seuls les grisarts et les trembles, car si on laisse arriver à l'état de futaie l'essence dominante, ces arbres sont étouffés par les autres lorsqu'ils prennent le dessus, ce qui arrive ordinairement à 40 ans. Si on n'a pas abattu les bois blancs avant ce temps, ils périssent et les vents les renversent en très-grand nombre. Ces bois ont déjà perdu de leur valeur, mais on prévient de plus grandes pertes en exploitant aussitôt ces chablis ; cet usage se pratique dans la plupart des forêts. Ces exploitations extraordinaires donnent souvent des produits considérables qui n'ont rien coûté, attendu qu'elles ne détériorent aucunement la valeur des coupes que l'on fait ensuite sur le sol forestier qui les a fournies.

Nous avons indiqué au traité de l'ypréau, le prix qu'on donne ordinairement dans le commerce aux marchandises que produisent ces essences.

UTILITÉ ET USAGE.

Le bois du grisart et du tremble est de meilleure qualité que celui du peuplier blanc ; il est plus compacte et plus nerveux ; il produit un assez bon chauffage et il sert à plus d'usage dans les arts.

Usage dans les travaux d'art.

On débite ces deux espèces de bois blanc en divers échantillons tels que planches, voliges, etc., dont on fait beaucoup d'usage dans l'ébénisterie pour le bâti des meubles, et principalement dans la menuiserie où on connaît ces bois sous le nom de *grisart*. On en fait de la menue charpente pour la construction des chaumières ; on en tire aussi de la latte et de l'échalas, à la vérité d'une qualité inférieure à ceux que l'on tire des bois durs, mais dont le prix beaucoup plus modéré met ces marchandises à la portée des moins riches.

On fait encore avec ces bois, des cerceaux à cuve, des sabots et divers ouvrages de boissellerie et de vassellerie, tels que cercles de cribles, sébiles, cuillers, gamelles, saunières et égrugeoires.

PEUPLIER NOIR DIT PEUPLIER SUISSE.

POPULUS NIGRA.

DESCRIPTION.

Caractères spécifiques.

Feuilles deltoïdes, acuminées, dentelées en scie et lisses des deux côtés.

Nous croyons que le peuplier noir est encore désigné ou connu sous le nom de peuplier commun. C'est un arbre qui s'élève beaucoup, mais qui n'a pas cette énergie de forme que l'on remarque dans l'ypréau : sa tige ordinairement assez droite, se contourne quelquefois : son feuillage est d'un vert agréable.

VIE ET VÉGÉTATION.

Le peuplier noir est indigène à la France; mais on ne le rencontre point dans les forêts. On ne cultive cet arbre que dans les plaines, en avenues, et sur le bord des eaux. Le grand usage qu'on en fait dans cette culture lui donne l'importance d'une essence forestière.

Sa végétation est ample et son accroissement rapide. Une bouture de ce peuplier dans un terrein humide peut, en quatorze ou quinze ans, faire un arbre de 40 pieds de hauteur, dont la tige a 10 pouces de diamètre. Au terme de son accroissement, le peuplier noir parvient à une plus grande hauteur que le peuplier blanc, et il devient très-gros. Il ne vit pas aussi long-temps que ce dernier; mais il peut croître jusqu'à soixante ans.

CULTURE.

Le peuplier noir ne produit pas de drageons par ces racines comme les ypréaux et les trembles, etc. Par cette raison, il n'est pas d'une aussi grande ressource pour le sol forestier; c'est sûrement pourquoi on ne le rencontre point ou que très-rarement dans les forêts.

On ne multiplie ce peuplier que de boutures; c'est son principal moyen de reproduction; car ses graines, comme nous l'avons remarqué, sont loin d'offrir la même facilité de le perpétuer.

Nous avons vu de quelle manière on fait ces boutures. Pour celles du peuplier noir, on emploie les mêmes précautions, soit qu'on les fasse en pépinière pour faire des élèves ou à demeure, dans le terrein qu'on veut peupler de cet arbre.

On emploie plus fréquemment le premier moyen parce qu'on ne peut, dans la plupart des terreins, mettre que des plants tout élevés : ce n'est que dans ceux qui sont très-humides et qui ont un bon fond, que l'on pourrait planter avec succès, en boutures.

On plante le peuplier noir tout élevé, depuis l'âge de trois ans, d'année en année, jusqu'à dix ans, selon le genre de plantation qu'on veut faire. Si on plante en bois, on prend le plant jeune ; si on plante en quinconce, en bordure, en avenues, on le prend lorsqu'il a formé une tige.

Cet arbre vient en tout terrein, mais il préfère les sols profonds et humides. C'est dans ces lieux que sa culture présente les grands avantages dont elle est susceptible. On a vu, par la rapidité de son accroissement, les produits prompts et abondans que pourrait offrir une plantation d'une certaine étendue, qui exigera peu de soins et ne causera que fort peu de frais.

EXPLOITATION ET PRODUIT.

Les peupliers noirs se cultivent en plaine, en bordures ou en avenues, reçoivent l'air de tous côtés et produisent latéralement un grand nombre de branches. En beaucoup d'endroits on en fait un

élagage régulier qui a lieu tous les cinq ou six ans,
parce que à l'endroit de cette coupe, il revient
de nouvelles branches. Ces émondages ne sont pas
un des produits les moins importans du peuplier
noir; chaque individu pourra fournir, depuis l'âge
de quinze ans jusqu'à la fin de sa carrière qui est
environ soixante ans, vingt fagots, quantité réduite à chaque émondage. C'est un produit qu'on
peut évaluer à cinquante centimes par année pour
chaque arbre, à partir du moment de l'émondage. Ce produit est absolument en sus de celui
que promet le corps de l'arbre; il ne le diminue
pas, et au contraire, car la suppression de ces
branches latérales fait grossir davantage le tronc.
Il n'est pas avantageux d'étêter cet arbre pour
lui faire donner une plus grande quantité de branches, parce que cette opération abrège beaucoup
sa durée.

Comme la longévité de ces peupliers dépend
beaucoup de la nature des terreins, leur durée
est plus ou moins grande. Lorsqu'on s'aperçoit de
leur dépérissement, on les abat. Cependant on
n'attend pas toujours qu'ils soient arrivés à la fin
de leur carrière, cela dépend de la nature du
produit que l'on veut tirer.

La valeur d'un arbre de soixante ans varie suivant l'accroissement qu'il a pris. Elle peut, compensation faite, exister aux différens âges de l'arbre, dans la proportion d'un franc par année.

UTILITÉ ET USAGE.

Ce bois n'est pas le plus mauvais que produisent les peupliers, mais il n'a pas la qualité du bois de tremble. Il n'est pas d'un très-bon usage dans le chauffage ; cependant on peut s'en servir utilement en le mettant avec d'autre bois.

On le débite assez communément en sciage. On en fait de la volige pour les couvertures en ardoises, et de la planche qui sert à une foule d'ouvrages communs ; ses branches, qui sont assez flexibles, servent à faire des liens ; pour cela on appelle en quelqu'endroit ce peuplier *osier blanc*.

PEUPLIER D'ITALIE ou PYRAMIDAL.

POPULUS FASTIGIATA.

DESCRIPTION.

Caractères spécifiques.

Feuilles deltoïdes, acuminées, dentelées en scie et lisses des deux côtés.

Tout le monde connaît cet arbre, remarquable par sa forme pyramidale élancée et sa haute stature. Il ne fait point partie des forêts, et quoiqu'il soit sans importance comme arbre forestier, il est tellement répandu partout, qu'on le classe assez généralement parmi ceux de cette catégorie.

Mais si le peuplier d'Italie mérite peu d'attention sous le rapport du produit, il inspire un bien vif intérêt comme arbre d'ornement. On ne peut trop admirer l'effet qu'il produit dans les campagnes. Au pied des coteaux, dans le fond des vallées, au bord des lacs et des fleuves où il croît et s'embellit, il y répand un charme qu'il est plus facile de sentir que de décrire ; ici ce sont

des pyramides majestueuses qui semblent toucher
la voûte céleste ; là, des rideaux verdoyans que
réfléchit le cristal pur des eaux ; plus loin, ces
superbes colonnades en s'élevant au-dessus des
autres masses de verdure qui les entourent, dessinent des paysages d'une ravissante harmonie. La
beauté, à la fois gracieuse et sévère de l'aspect de
cet arbre, embellit les scènes de la nature ; elle
augmente leur prestige enchanteur, et ajoute encore à l'admiration que partout elles font naître.

Si le mélange des peupliers d'Italie avec les
autres végétaux produit des contrastes qui animent et égaient le tableau, lorsque ces arbres
sont en grand nombre et seuls de leur espèce,
ils impriment à ces localités un caractère de solitude et de mélancolie dont l'âme est doucement
émue. Si on se promène entre ces doubles rideaux
dont la hauteur fatigue les regards, l'imagination
reçoit des impressions qui ne lui sont point produites ailleurs ; il semble que ces lieux soient l'a-
sile du recueillement ; en les parcourant, l'esprit
se livre à de douces méditations, la pensée, à
la fois, s'éloigne sans regret de ces images de la
solitude et les retrouve avec plaisir.

VIE ET VÉGÉTATION.

Le peuplier pyramidal a l'accroissement le plus
rapide de tous les arbres. Dans les terreins qui

lui plaisent il parvient souvent à la hauteur de cent pieds, à l'âge de vingt-cinq à trente ans, et son tronc acquiert 3 à 4 pieds de diamètre; s'il ne se gâte pas, il peut croître jusqu'à cinquante ou soixante ans, mais cela arrive rarement, et on ne connaît pas parfaitement chez nous les dimensions qu'il peut prendre à la fin de sa carrière.

CULTURE.

Ce peuplier ne se multiplie que de boutures comme le peuplier noir. Sa souche produit aussi un recru, mais on ne s'attache pas à ce moyen de reproduction qui est loin d'avoir le même succès que l'autre. Les boutures réussissent on ne peut mieux. On les fait ou à demeure ou en pépinière : la culture est très-peu dispendieuse ; elle est du reste la même que celle du peuplier noir.

EXPLOITATION ET PRODUIT.

Le peuplier d'Italie fournit tous les cinq à six ans un émondage qui produit autant que le peuplier noir. Le plus ordinairement on n'abat l'arbre que lorsqu'il donne des signes de dépérissement.

La valeur de chaque corps d'arbre est à peu près de 30 francs à l'âge de 30 ans ; on en rencontre qui valent moins, d'autres davantage; ce prix peut faire leur valeur moyenne.

UTILITÉ ET USAGE.

Ce peuplier fournit le plus mauvais bois de chauffage qu'on puisse rencontrer. Il ne brûle que lorsqu'il a jeté toute sa sève, ce qui n'arrive que sept à huit mois après son abattage, parce que ce bois mou et spongieux a une grande abondance de parties aqueuses. Lorsqu'il est sec, il brûle facilement, mais dure peu au feu et produit peu de chaleur. Cependant, faute d'autres combustibles, on s'en sert assez communément dans cet usage.

Le plus grand parti qu'on en tire c'est dans le sciage. On le débite en planches et en volige qu'on emploie dans divers ouvrages de bâtiment assez nombreux quoique de peu de conséquence.

PEUPLIER DE CANADA.

POPULUS MOLINIFERA.

DESCRIPTION.

𝕮aractères spécifiques.

Feuilles cordiformes, lisses, glanduleuses à leur base, et dont les dentelures sont cartilagineuses ; pétiole comprimé.

Le peuplier de Canada est un arbre de l'Amérique septentrionale, naturalisé en France depuis quelques années. Il ne se trouve point encore dans nos forêts dont il mérite de faire partie. On le cultive en grande abondance dans les jardins, et on en fait de fort belles avenues. Comme il est très-répandu dans ce genre de plantation, on le classe parmi les arbres forestiers.

Cet arbre a beaucoup de ressemblance avec le peuplier noir ; il acquiert les mêmes dimensions, a le même mode d'accroissement et la même durée.

Nous renverrons au traité du peuplier noir

pour connaître la culture et le produit de celui-ci, ainsi que les usages auxquels son bois est
propre. Tout ce qui est dit à ce sujet dans ce
traité, peut s'appliquer au peuplier de Canada.

AUNE. *ALNUS.*

DESCRIPTION.

Caractères génériques.

FLEURS MONOÏQUES.

Fleurs mâles disposées en chatons pendans, cylindriques, écailleux; quatre écailles, dont une plus grande sur un même pédicelle; fleurs trois à trois sous les écailles; calice à quatre lobes; quatre étamines.

Fleurs femelles en chatons ovoïdes arrondis; écailles obtuses, cunéiformes, quadrifides; elles deviennent ligneuses, épaisses, et s'écartent les unes des autres sans se détacher de l'axe à l'époque de la maturité. Fleurs deux à deux sous chaque écaille; deux styles, péricarpe coriace à deux loges monospermes.

(DESFONTAINES.)

Le *genre* aune appartient à la famille des amentacées et à la quinzième classe des végétaux selon la méthode naturelle de Jussieu.

On connaît cinq espèces d'aunes; nous traiterons de l'aune commun qui fait ordinairement partie des bois et des forêts.

AUNE COMMUN.

ALNUS COMMUNIS. (Linné.)

ALNUS GLUTINOSA. (Desfontaines.)

Caractères spécifiques.

Feuilles arrondies, cunéiformes, obtuses, un peu émoussées et glutineuses.

Floraison. Elle se fait en février et mars.

Fructification. Les graines sont à leur maturité en octobre.

L'aune commun est originaire de France ; il compose une des essences dominantes des forêts ; il habite les lieux humides et se plaît beaucoup sur le bord des rivières. Quelques auteurs pensent que son nom vient d'*altor amne* (je suis nourri par le fleuve) ; c'est un arbre de moyenne grandeur que l'on connaît aussi sous le nom de *verne* ou *vergne*. Son aspect n'a rien de remarquable ; son feuillage est d'un vert sombre, il attire peu d'attention comme arbre d'ornement, mais il est de ceux les plus utiles des forêts et fournit de bons produits.

VIE ET VÉGÉTATION.

L'aune se plaît non-seulement dans les lieux humides, mais il croît dans les marécages et le pied dans l'eau : il pousse vigoureusement, et son accroissement est rapide. Les aunes se nourrissent d'eau qu'ils aspirent par leurs feuilles et leur racine. Cette propriété leur fait porter un grand secours dans les marais fangeux dont ils neutralisent les émanations toujours si malfaisantes. Lorsqu'ils s'y trouvent en abondance, les forces plastiques que leur végétation y déploie, assainissent ces lieux méphitiques, et ils font naître en même temps de grands produits sur des terreins dont la stérilité qui les frapperait, sans ces utiles végétaux , n'offrirait qu'un voisinage dangereux.

Lorsqu'on élague cet arbre , il prend une forme pyramidale, parce qu'il produit , autour de sa tige , des branches d'une longueur graduée de bas en haut et dont l'envergure est d'un plus grand diamètre que la tête de l'arbre qui a ordinairement une petite périphérie.

L'aune fournit beaucoup de branches ; elles sont rameuses et très-feuillées. Cette nature de végétation le rend propre à former des palissades , et il souffre très-bien le ciseau.

Climat.

L'aune commun vient dans tous les climats de la France dont il est originaire. Il croît aussi dans le nord et le midi de l'Europe. On le rencontre depuis la Norwège jusque sur les côtes septentrionales de l'Afrique. M. Desfontaines dit l'avoir observé dans ces dernières contrées.

Accroissement et durée.

Comme nous venons de le voir, l'aune croît très-rapidement. A neuf ou dix ans, il fournit déjà du bois d'usage. On le coupe fort souvent à cet âge. Au terme de sa croissance, il parvient à 60 pieds de hauteur et son tronc peut acquérir deux pieds de diamètre. Comme tous les bois tendres, il a une courte durée. On pense qu'il peut vivre soixante ans.

CULTURE.

L'aune se reproduit par le recru de sa souche lorsqu'on l'a abattu : on le multiplie par ses graines qu'on cueille en octobre.

Lorsque ces graines sont récoltées, on les met dans un lieu sec pour qu'elles puissent se conserver jusqu'au printemps. Au mois de février ou mars, on choisit, dans un lieu frais et ombragé, une terre légère et sablonneuse, ou on la compose de cette manière, on y sème la graine que l'on recouvre très-peu : à trois ou quatre ans, le plant que ces semis auront produit pourra servir aux plantations forestières ou à celles que l'on fera dans les pépinières pour former des arbres-tige.

Les aunes se propagent encore de drageons,

de marcottes et de boutures. Ce dernier moyen réussit très-bien et on l'emploie fréquemment dans la culture de ces arbres.

Duhamel indique deux autres moyens de multiplication qui ne sont pas à dédaigner. Le premier consiste à fendre une souche d'aune avec la coignée, en plusieurs parties, et de planter ces éclats qui fournissent autant de pieds d'arbres: il assure qu'ils réussissent très-bien ; le second consiste à couvrir de terre une souche ou une jeune cépée ; les bourgeons de la souche ne tardent pas alors à faire des racines ; on les enlève en en laissant trois ou quatre sur la souche pour ne point en perdre le produit, et ce sont autant de jeunes plants dont la réussite est certaine. Duhamel dit avoir planté avec succès des aunes obtenus par ce moyen, qui avaient 8 à 10 pieds de hauteur.

Plantations.

Comme le plus ordinairement on cultive l'aune dans les terreins aquatiques, cette nature de localité commande des procédés particuliers pour l'établissement des plantations. On ne pourrait défoncer un terrein où l'eau séjourne, et bien que le jeune plant ne redouterait pas l'humidité, il réussira moins bien cependant dans une terre qui sera tout-à-fait imbibée d'eau que dans celle qui sera un peu égouttée. En conséquence, pour obtenir ce résultat, on fait dans le terrein de petites rigoles tracées parallèlement en lignes droites espacées entre elles de trois ou quatre pieds. Ces rigoles auront douze à quinze pouces de largeur sur moitié de profondeur. On place les terres qui en proviennent dans les intervalles et ces terres forment de petits ados sur lesquels on plante. Une plantation ainsi établie réussira infailliblement et n'exigera point de culture ensuite.

L'aune est propre aussi à faire des plantations de ligne en quinconce ou en avenues. On prend les arbres-tige à six, sept, huit ou dix ans, et on les plante avec ou sans leur tête, dans des trous de trois ou quatre pieds carrés.

Quoique les aunes affectent particulièrement les lieux humides, ils viennent aussi dans les autres terreins qui ne sont pas trop secs. Lorsqu'on y fait des plantations d'aunes, on leur fait la même préparation que pour les autres essences, mais ce n'est toujours que dans les terreins aquatiques que l'aune déploie toutes les ressources de sa végétation.

EXPLOITATION ET PRODUIT.

Lorsque l'aune se trouve mêlé dans les bois sans être l'essence dominante, on ne peut pas lui donner un aménagement conforme à la nature de ses produits. On l'exploite à différens âges, selon ceux dans lesquels on règle la coupe de l'essence qui prédomine. Ce n'est pas dans ce genre d'exploitation que l'aune est d'un grand produit, c'est lorsqu'on peut l'aménager seul.

Dans ce cas-là cette essence présente de grands avantages, et il en est peu qui puissent donner de meilleurs revenus. Les qualités particulières du bois d'aune le font employer à un grand nombre d'usages d'un certain intérêt dans l'économie, et il y est propre principalement dans sa jeunesse. La rapidité de son accroissement le met en état de fournir ses bois utiles à neuf ou dix ans ; aussi on coupe souvent les aunaies à cet âge. L'aménagement le plus ordinaire est en taillis de vingt-cinq à trente ans ; on l'exploite aussi en futaie, mais bien plus rarement.

Ces coupes fournissent du bois à brûler et notamment des bois de service. Elles se vendent un très-bon prix. Plusieurs auteurs forestiers ont remarqué que non-seulement ces coupes rapportaient autant que des bois ordinaires, à vingt ou vingt-cinq ans, mais avaient même la valeur de certaines essences à bois dur à cet âge. Duhamel dit avoir vendu une saussaie de trente ans sur le pied de 1000 francs l'arpent.

Quoiqu'on n'exploite que bien plus rarement cette essence en futaie, elle peut cependant acquérir une bien grande valeur dans cet état. M. Baudrillart (Dictionnaire général des eaux et forêts¹) dit qu'une futaie d'aunes arrivée à sa soixantième année se vend quelquefois jusqu'à 8 ou 10,000 francs l'hectare.

UTILITÉ ET USAGE.

Bois à brûler.

Le bois d'aune est compacte et pesant. Il est d'un bon usage dans le chauffage, brûle facilement et produit assez de chaleur. Comme il produit une flamme claire, les boulangers et les verriers le recherchent beaucoup pour chauffer leurs fours. On emploie son charbon pour la fabrication de la poudre à tirer.

M. Baudrillart rapporte que d'après des expériences faites, la valeur du charbon de bois d'aune pour les usages domestiques, existe dans le rapport de 885 à 1600 avec celle du charbon de hêtre, c'est-à-dire qu'elle est moindre de moitié environ.

Usage dans les arts.

L'aune est très-fréquemment employé par les tourneurs qui en font la plus grande consommation. Ils en font des échelles, des râteliers, et s'en

¹ Nous renvoyons à ce savant ouvrage, où on trouvera un traité fort étendu sur l'aménagement de cette essence importante.

servent pour faire toutes les chaises communes. On en fait des charpentes légères, des perches pour les teinturiers et les blanchisseuses, des écha-las pour la vigne, des sabots, des pilotis, des corps de pompe, des gouttières et des conduits d'eau souterrains.

Ce bois est remarquable par son incorruptibi-lité et sa longue durée dans l'eau, ce qui le rend propre par excellence à tous les ouvrages qui y sont exposés; mais il faut qu'il soit continuelle-ment dans l'eau, et alors il devient impérissable. M. Desfontaines assure que ce bois peut se con-server ainsi des siècles sans s'altérer. A Venise et en Hollande où on bâtit sur pilotis, on l'emploie assez communément à cet usage.

Autant ce bois se conserve long-temps à l'eau, autant il dure peu à l'air. Là, la vermoulure l'at-taque, son nerf se détruit et il est bientôt réduit à l'état de bois pourri. Ce n'est que partout où il est privé d'air, que l'aune conserve ses propriétés de longue durée. Non-seulement l'aune serait à l'air d'un mauvais service dans les ouvrages où le bois doit continuellement porter, mais il y se-rait d'un usage dangereux.

Le bois d'aune a un grain fin et serré. Le noir et le poli qu'il prend facilement le font beaucoup ressembler à l'ébène. Les ébénistes le recherchent pour divers ouvrages. Le bois d'aune, auprès des racines, est veiné très-agréablement. On est par-

venu à en faire des meubles de beaucoup d'éclat.
Nous avons vu, à l'exposition du Louvre en 1823,
des commodes et des toilettes fabriquées en placage d'aune, dont la richesse des nuances et la
suavité du ton de couleur ne le cédaient pas à
celles des bois exotiques.

Écorce.

L'écorce de l'aune est propre au tannage; les
teinturiers et les chapeliers en tirent une couleur
jaune et noire dont ils font usage. Étant mêlée
avec du fer, cette écorce produit une couleur
noire qu'on peut employer pour écrire; mais les
graines de l'aune concourent mieux avec la noix
de galle à la fabrication de l'encre. Linnæus dit
qu'avec la couleur jaune que produit cette écorce,
les Lapons teignent les cuirs dont ils font des souliers, des ceintures, etc., etc.

SAULE, *SALIX.*

DESCRIPTION.

Caractères génériques.

Fleurs dioïques rarement hermaphrodites.

Fleurs mâles en chatons; une fleur sur chaque écaille qui tient lieu de calice; corolle nulle; une glande cylindrique, tronquée au centre de la fleur; une à cinq étamines.

Fleurs femelles, disposées en chatons comme les mâles. Un style court; deux stygmates; capsule bivalve, polysperme à une loge, graines très-petites, garnies d'une aigrette.

(DESFONTAINES.)

Les saules font partie de la famille des amentacées, et de la quinzième classe des végétaux, selon la méthode naturelle de Jussieu.

On en connaît environ quarante espèces. Nous ne parlerons que des trois espèces suivantes qui se trouvent communément dans les forêts et dans les campagnes.

Le saule marceau, originaire de France;

Le saule commun ou à feuilles d'amandier de France, et le saule blanc ou argenté, orig. *idem.*

SAULE MARCEAU ou BOURSEAULT.

SALIX CAPREA. (Linné.)

DESCRIPTION.

Caractères spécifiques.

Feuilles ovales, acuminées, dentelées en scie, ondulées, co-
tonneusès en dessous.

Le marceau est un arbre de moyenne stature,
dont la feuille ressemble assez à celle de l'orme.
Il croît spontanément dans les lieux humides des
forêts et il est très-répandu dans les bois quoiqu'il n'y forme que rarement une essence dominante. On attache peu d'importance à cet arbre
dans l'économie forestière, parce que toujours
mêlé parmi les autres essences, on ne le remarque
guère, et puis d'ailleurs sa vie est d'une courte
durée; souvent il périt avant qu'on ne fasse la
coupe de l'essence dominante parmi laquelle il se
trouve placé. C'est par cette raison, sans doute,
qu'on y attache ordinairement peu d'intérêt. Cette

essence est classée parmi les *morts bois*, dénomination qui signifie dans l'économie forestière
bois de peu de valeur.

Mais si on plante seul le marceau, il peut présenter de grandes ressources dans la culture des
bois, parce qu'il a un accroissement rapide et
que venant dans les endroits aquatiques, il offre
le moyen de tirer un très-bon parti de ces terreins qui sont ordinairement perdus pour toute
autre culture.

VIE ET VÉGÉTATION.

Le saule marceau a une végétation prompte et
nourrie ; il croît vigoureusement en cépée et,
comme l'aune, il produit des bois bons à couper
à huit ou dix ans, pour faire de l'échalas et du
cerceau, et pour le chauffage.

Le marceau, dans les terreins qu'il préfère, ne
s'élève guère au-delà de 30 à 36 pieds, et n'acquiert pas beaucoup de grosseur. Il a à peu près
parcouru la carrière de son accroissement à vingt-
cinq ans ; il peut rester ensuite dix années sans
croître, et c'est là le terme de sa durée.

CULTURE.

Le marceau se propage par ses graines, par
le recru de la souche, par les provins ou marcottes,

les boutures et les drageons que produisent ses racines. Les graines que les vents sèment au loin dans les bois et au pied des haies , fournissent du plant souvent en assez grande quantité pour en peupler de vastes cantons.

Quels que soient les moyens de multiplication qu'on emploie , on y procède de la même manière que pour l'aune : du reste , la culture du marceau n'est pas plus dispendieuse.

PRODUIT, UTILITÉ ET USAGE.

Le bois de marceau est rougeâtre ; il est à peu près de la même qualité et du même usage que l'aune dans le chauffage.

A huit ou dix ans on exploite le marceau qui produit de l'échalas , des perches , du cerceau , et aussi du bois à brûler. Les vanniers le fendent en éclisses qui servent à faire les bâtis de leurs ouvrages.

SAULE COMMUN OU A FEUILLES D'AMANDIER,

SALIX AMYGDALINA. (Linné.)

SAULE BLANC OU ARGENTÉ, SALIX ALBA. (Linné.)

DESCRIPTION.

Caractères spécifiques.

Saule commun : *Fleurs* chatons cotonneux.

Feuilles ovales, dentelées en scie, lisses, glabres en dessous.

Saule blanc : *Feuilles* lancéolées acuminées, dentelées en scie, soyeuses des deux côtés.

Le saule, connu aussi sous le nom de *saulx*, tient le premier rang parmi les arbres aquatiques. Il habite dans les forêts les lieux humides et croît avec les autres arbres sans former une essence dominante.

Dans les campagnes, on rencontre ces arbres dans les terreins frais, dans les marais et principalement sur le bord des ruisseaux et des rivières.

On les connaît à leur tige courte et leur forme arrondie qui vient de ce qu'on les étête périodiquement pour obtenir leur produit.

Les saules, à cause de cette nature d'aménagement, ne présentent jamais au coup d'œil des arbres d'un aspect bien agréable, mais ils intéressent par leur nombre et leur utilité. Ils sont les ornemens des champs et s'attachent au sol humide qui les nourrit; ils forment çà et là, dans les prairies, des lignes irrégulières qui indiquent les ruisseaux qui les parcourent en tout sens. Mais où ils croissent en abondance, c'est sur le bord des rivières et des fleuves; comme si ces rivages avaient été créés pour eux, ces arbres semblent en faire exclusivement leurs domaines; ils y forment des lisières épaisses et continues, et par leur verdure ondoyante et argentée ils en embellissent admirablement les contours.

Les saules sont d'une grande utilité sur le bord des eaux vives. Par leurs racines qui sont abondantes et très-rameuses, ils fixent solidement les terres du rivage et les font résister au choc des courans qui, en de certains endroits, les entraîneraient aux dépens des plaines. A cause de cette propriété, les saules sont utiles surtout dans les îles et îlots que les courans pressent de toute part : non-seulement encore les saules, auprès des eaux, fixent les terres, mais ils semblent les y attirer. S'ils sont plantés sur un alluvion naissant, ils augmentent bientôt son attérissement, parce que leurs racines saisissent les terres que l'eau roule et dépose, et elles retiennent celles que l'eau avait déjà apportées. Sans cette ressource, les attérissemens que l'on désire favoriser, auraient beaucoup de peine à se former, attendu que l'eau par son flux et reflux continuel détruit assez souvent, le moment d'après, l'ouvrage qu'elle avait fait celui d'auparavant.

VIE ET VÉGÉTATION.

Tous les saules ont en général une végétation très-active, et la rapidité de leur crue est grande, surtout au bord des eaux. C'est là que leur végétation déploie toute sa force. Les saules qu'on étête auprès des ruisseaux et des rivières produisent sur chaque tronc huit à dix bourgeons qui deviennent souvent en trois ans des branches de quinze pieds de longueur, ayant deux, trois et jusqu'à quatre pouces de diamètre à leur base.

Les saules absorbent beaucoup d'eau dans leur végétation, ce qui peut expliquer la vigueur de leur crue dans les lieux aquatiques. On assure, d'après des expériences faites, qu'un saule de douze à quinze ans absorbe dix-huit livres d'eau en vingt-quatre heures. On sent combien, avec ces propriétés, les saules peuvent être utiles dans les marécages toujours malsains. Ils peuvent servir grandement à l'assainissement de ses localités dangereuses en les desséchant peu à peu, et en absorbant les vapeurs méphitiques qu'ils exhalent. Les plantations de saule ou les *saussaies* sont donc d'un grand intérêt par l'influence favorable qu'elles exercent, par l'abondance de leur produit et par leur propriété d'utiliser souvent de vastes terreins stériles pour toute autre culture.

Accroissement et durée.

Les saules qui croissent librement deviennent de très-beaux arbres; ils parviennent jusqu'à 75 pieds de hauteur, et leur tige peut acquérir 4 à 5 pieds de circonférence. Le tronc de saules étêtés qu'on appelle *tétards*, viennent bien aussi à cette grosseur et souvent ils acquièrent un plus grand diamètre : mais ils sont toujours creux, tandis que le saule qu'on n'a point étêté, a le bois très-sain.

Les saules qu'on étête sont, dans la vigueur de leur âge, de quinze à vingt-cinq ans; à trente ans, ils sont arrivés au terme de leur durée, et leur dépérissement est prompt.

Les saules libres vivent bien plus long-temps; leur durée est du double de celle des autres.

CULTURE.

Nous venons d'annoncer les avantages que promet la culture du saule ; nous allons traiter des moyens d'y procéder.

Les saules fournissent des graines qui permettent de les multiplier par leur moyen, mais on en fait rarement usage ; cela serait trop long à côté du procédé si facile et si prompt des boutures, qu'on appelle, dans la culture du saule, *plantards*.

Ces plantards sont de très-grosses boutures ; elles se composent de branches qui ont de 4 à 6 pouces de pourtour, et que l'on taille de 6 à 8 pieds de hauteur. On les aiguise par le gros bout, et on les plante comme des perches dans le terrein où on veut faire une saussaie. On fait à l'avance des trous avec un avant-pieu pour pouvoir les enfoncer de 18 pouces à 2 pieds dans la terre.

Si on fait cette plantation dans un pré, il faut, pour en assurer le succès, faire entre les rangs de boutures un petit fossé dont on jette la terre au pied des plantards pour les buter. Ce fossé a pour principal objet de ramasser des eaux pour en humecter les plantards. Si les fossés retiennent l'eau, la plantation réussit très-bien.

Lorsqu'on étête les saules, on met de côté les perches que l'on destine à faire des plantards. On les conserve jusqu'à la fin de l'hiver (époque où on en fait la plantation), en les tenant le pied dans l'eau. On doit avoir soin de ne pas meurtrir l'écorce, car le plant pourrait devenir chancreux aux endroits offensés, et cela nuirait à son accroissement.

Chaque pied de saule, si l'on établit une saussaie, doit occuper 4 toises carrées de terrain pour pouvoir se développer convenablement, et cette superficie sera suffisante. En plantant de cette manière, il entrera 200 pieds de saule par arpent. Si on prend de si grosses branches pour faire ces plantards, c'est pour avancer la plantation et jouir plus tôt de ses produits; car on pourrait faire des plantards plus petits pour y employer moins de bois, et une plantation réussirait aussi bien. Mais ce serait une économie de bois mal entendue sans doute, parce qu'on a le but, en établissant une saussaie, de la mettre le plus tôt possible en état de rapport. Son entretien se borne à faire le remplacement des plants manquans, et ensuite des arbres qui périssent. Par ce moyen, on peut faire durer très-long-temps une saussaie.

EXPLOITATION ET PRODUIT.

Si on plante des essences à bois dur, les produits sont lents à arriver; on est rarement appelé à en jouir, et on travaille plutôt pour les générations suivantes que pour soi-même. C'est un acte de prévoyance louable et rempli de justice à la fois. Nous rendons à nos descendans les biens que nous ont légués nos ancêtres : ils avaient agi de même. Quand on reçoit il faut rendre, et ce serait contracter une dette que de recueillir les produits et ne point planter pour les âges futurs. Nous faisons donc souvent des plantations sans en recueillir les fruits nous-mêmes.

Mais si avec de certaines essences de bois, nous cultivons sans récolter, beaucoup d'autres espèces semblent avoir été créées pour nous en dédommager. La nature a limité leur durée aux courtes périodes de la vie de l'homme ; elle a en quelque sorte réglé leur végétation et leurs produits sur son impatience et son besoin de promptes jouissances.

A cet égard, le saule peut mieux qu'aucun arbre remplir les désirs des cultivateurs et des propriétaires, puisque non-seulement il parcourt la carrière de son accroissement en peu de temps, mais que pendant cette courte durée il multiplie considérablement ses produits.

Quatre ans après que les saules sont plantés on en fait la première coupe, c'est-à-dire qu'on les étête à 8 ou 10 pieds de hauteur. Ces coupes se règlent assez ordinairement à cet âge, et on les renouvelle ainsi tous les quatre ans, jusqu'à l'entier dépérissement de l'arbre. Les bois qu'on en tire ne sont que des perches et des fagots. En ou-

tre des réserves que l'on fait des perches pour
divers usages, un arpent de saussaie peut fournir
chaque année tout le bois à brûler nécessaire à
l'usage d'un ménage dans la campagne, et le
double pourrait suffire au chauffage d'une petite
ferme.

Si on compare ces produits avec ceux des autres essences, on y voit une bien grande différence
à leur avantage, et cette différence est telle, qu'on
peut dire qu'il n'existe point d'espèces d'arbres
dont les produits aient un semblable rapport avec
ceux d'une autre; car on a remarqué qu'un arpent
de saussaie bien cultivé rapportait, à quinze ou
seize ans environ, huit fois autant qu'un arpent
de taillis du même âge, situé sur un bon sol.

On observera que ce n'est que lorsqu'on étête
les saules qu'ils fournissent des produits aussi
prompts et aussi abondans. Cette opération est
indispensable dans ce genre d'aménagement, attendu que ce n'est que par ce moyen que le saule
donne ces vigoureux bourgeons qui constituent
son rapide produit.

Les saules qu'on laisse croître librement deviennent de très-beaux arbres. On les exploite dans
l'état de gaulis ou de futaie; ils fournissent des
bois à œuvrer, et du bois de corde pour le chauffage. Dans cet état, leurs produits seront encore
plus rapides que ceux des autres essences; mais
ils seront bien moins grands que ceux des saules

en *tétards*; la différence existe quelquefois dans la proportion de un à quatre.

UTILITÉ ET USAGE.

Bois à brûler.

Les saules ne produisent non plus qu'un bois de chauffage de médiocre qualité, mais il en existe encore de plus mauvais. D'ailleurs, on ne s'attend point à trouver une qualité supérieure dans des bois qui croissent aussi promptement. On trouve l'avantage de la quantité assez grand pour ne pas regretter l'autre.

Usage dans les travaux d'art.

On débite en sciage les saules qui ont crû librement, et dont le bois est par conséquent très-sain. On en fait des planches et de la volige, qui servent à la couverture des bâtimens et à divers ouvrages légers. On en tire encore quelques échantillons qu'on emploie aux mêmes usages que le bois de tilleul, quoique celui-ci soit de beaucoup supérieur au bois de saule.

On tire des saules *tétards* les perches qui servent aux blanchisseries. On en fait assez communément des échalas pour la vigne. On en fait aussi des cerceaux qui durent peu, à la vérité, mais ils coûtent moins cher et on les renouvelle plus souvent.

Ces usages rendent les saussaies particulièrement d'un grand produit dans le voisinage des vignobles, et principalement dans les endroits où il y a peu de bois. Les jeunes pousses fournissent des harts qui servent à lier les mêmes bois et les gerbées.

Les vanniers font beaucoup d'usage du bois de saule ; ils le fendent et en font des lattes et éclisses pour la charpente de leurs ouvrages. Ces éclisses servent encore à faire des moules à fromage et des cercles de cribles.

Propriétés en médecine.

Selon Matthiole, les fruits, les feuilles, l'écorce et les sucs du saule ont une vertu astrictive. Il dit que le fruit ou chaton du saule pris en breuvage est bon contre le crachement de sang, et que la sève qui sort et se coagule, si on a fait une incision sur l'écorce, sert à mondifier les taches et les macules qui se portent sur les yeux. Matthiole rapporte plus loin que la décoction de saule ou la lessive faite de sa cendre, prise en breuvage, a la propriété de tuer les sangsues, que l'usage de certaines eaux fait naître dans le gosier, et les fait sortir.

TILLEUL. *TILIA*.

Caractères génériques.

Calice tombant à cinq divisions profondes. Cinq pétales nus, ou munis d'une écaille à leur base, alternes avec les divisions du calice. Étamines libres, indéfinies. Un style. Une capsule globuleuse, coriace, sans valves, partagée en cinq loges renfermant une ou deux graines. (DESFONTAINES.)

Le *genre* Tilleul appartient à la famille des Tiliacées, qui en a tiré son nom. Elle est comprise dans la 13ᵉ. classe des végétaux, selon la méthode naturelle de Jussieu.

Ce *genre* se compose de cinq espèces. Nous traiterons des deux espèces suivantes, qui font partie de nos plantations ordinaires et de nos forêts.

Le tilleul commun, dit de Hollande, originaire de France.

Tilia europœa. (LINNÉ.)

Tilia platyphyllos. (DESFONTAINES.)

Le tilleul sauvage, originaire de France.

Tilia sylvestris.

Nous comprendrons ces deux espèces de tilleuls dans le même traité, attendu qu'elles ne diffèrent point essentiellement l'une de l'autre dans leur culture, leur produit et leurs usages.

TILLEUL COMMUN. *TILIA EUROPÆA.*

TILLEUL SAUVAGE. *TILIA SYLVESTRIS.*

DESCRIPTION.

Caractères spécifiques.

Le tilleul commun. *Feuilles* cordiformes ou presque rondes, acuminées, inégalement dentelées.

Fruits. Noix turbinées, pyriforme ayant des côtes saillantes et ligneuses.

Le tilleul sauvage. *Feuilles* petites glabres, cordiformes ou presque rondes, acuminées et dentelées en scie.

Fruits. Noix presque globuleuse, dont les côtes sont peu apparentes.

Floraison. Elle se fait en juillet.

Fructification. Le fruit du tilleul est à sa maturité en septembre.

Les tilleuls n'ont point une grande importance dans l'économie forestière à cause de la médiocre qualité de leur bois pour le chauffage. La seconde espèce est la plus répandue dans les forêts, dont elle compose quelquefois des parties assez considérables.

Le tilleul est un arbre d'une belle forme et d'une grande stature. C'est principalement la première espèce, le tilleul dit de Hollande, qui se fait re-

marquer dans ces superbes proportions : livré à
lui-même, il devient un des arbres les plus magnifiques que l'on connaisse ; il s'élève à une grande
hauteur, et son tronc acquiert une grosseur énorme. Ses branches, qu'il soutient bien, s'étendent
beaucoup et sont très-rameuses ; elles se garnissent
d'un feuillage épais dont le vert tendre est on ne
peut plus agréable à l'œil. Sa floraison est surtout
remarquable au milieu de l'été, tous les jeunes
rameaux donnent naissance à une multitude de
petites fleurs disposées en corymbe, qui répandent dans l'air une odeur douce et suave, et il
leur succède, peu à peu leur épanouissement, autant de petits noyaux globuleux qui renferment la
graine, ainsi qu'on le voit dans les planches de
l'atlas, où les deux espèces de tilleuls sont représentées en fruits.

On connaît le tilleul dans nos jardins, qu'il décore par la faculté qu'il a de souffrir le ciseau et
de se prêter aux diverses formes qu'on veut lui
donner : il n'est pas moins l'ornement des campagnes où on le plante en quinconce et en avenues
pour avoir de beaux ombrages. Les anciens connaissaient le tilleul ; mais Pline, qui en parle au
livre 16, paraît ne pas l'avoir observé au terme
de son accroissement, car il ne le décrit que
comme un arbre d'une petite stature, tandis qu'il
est au contraire un des plus grands arbres de la
nature. En quelqu'endroit il parle du tilleul

comme d'un arbre auquel divers usages avaient donné une sorte de célébrité. Il dit que les anciens se servaient de la partie la plus mince de son écorce pour faire les bandelettes de leurs couronnes, et qu'ils employaient aussi pour écrire ces pellicules qu'on appelait *philyra*. D'autres auteurs modernes prétendent qu'en effet on se servait autrefois de cette écorce comme de papier, et qu'on en voit encore des livres écrits il y a plus de mille ans.

En quelques endroits on appelle le tilleul *til-let*, *tillot* ou *tilleau*. On croit que c'est de ce premier surnom que dérive le nom de Chantilly, dont la racine aurait été *champ tillet* ou champ de tilleuls, parce que, lorsqu'on créa cet endroit il y avait beaucoup de cet arbre, et que par suite le nom est devenu Chantilly. En effet, aux environs de Senlis, à Pontarmé, à Courteuil, à Chantilly, etc., le tilleul est une essence très-dominante dans les bois. Il produit aux habitans de ces pays une branche de commerce et d'industrie assez considérable, parce qu'ils font avec son écorce des liens dont les fermiers se servent pour lier les gerbées, mais surtout des cordes à puits qu'ils vendent à Paris et autres lieux. On dit encore que le nom de *tilloloy*, produit de *tillot*, que porte un village près de Roye, vient des tilleuls qu'il y avait en abondance dans ce pays.

Le traducteur de Pline, au livre 16, croit que le nom de tilleul vient de taillable par excellence.

VIE ET VÉGÉTATION.

Les tilleuls ont comme tous les bois tendres une crue vigoureuse, surtout dans les terreins où ils se plaisent. Leurs pousses sont nourries et peuvent acquérir en une année jusqu'à 4 pieds de longueur, si elles partent du tronc étêté ou de la souche, après que l'arbre est abattu. Leur végétation est toujours brillante, soit qu'ils croissent livrés à eux-mêmes ou dans les diverses formes auxquelles l'art les assujétit; si la tonture les empêche de s'étendre ou de s'élever, leurs rameaux déliés se multiplient sous le ciseau qui les mutile; ils fournissent un feuillage serré du plus agréable ton de verdure, et on peut dire qu'il n'existe pas d'arbres qui puissent mieux obéir à la main de l'homme; aussi admire-t-on en tous lieux la magnificence qu'ils déploient lorsqu'ils sont dirigés par la tonture.

Accroissement.

Dans les forêts on ne voit guère les tilleuls autrement que dans l'état de taillis, parce qu'indépendamment de ce qu'on trouve plus d'avantages à les exploiter dans cet état, ils prendraient difficilement un plus grand accroissement étant placés en massif. Ce n'est qu'isolément ou en avenue qu'ils se développent dans les belles proportions que leur a données la nature. Cependant comme ils ne prennent ces grandes dimensions que dans de certains terreins, on les rencontre plus fréquemment dans une moyenne stature.

Mais dans les lieux où il se plaît par excellence, le tilleul développe tout son accroissement, et c'est alors qu'il devient extraordinaire. Il s'élève jusqu'à 60 pieds de hauteur, ses branches s'étendent à une grande distance, sa tête a une vaste périphérie, et son tronc parvient à une grosseur dont on voit peu d'exemples.

M. Chevalier rapporte qu'il a vu auprès de Clermont-sur-Oise un tilleul dont la tige avait 17 pieds de pourtour; il dit que cette tige se partageait en six bras énormes, qui, s'élevant à une très-grande hauteur, faisaient remarquer cet arbre de plusieurs lieues.

M. Desfontaines parle, d'après Rai, d'un tilleul qui existait dans le Wittemberg, près de Neustadt, dont le tronc avait 9 mètres (28 pieds) de tour; les branches donnaient à la tête de l'arbre dans la direction du nord au sud, près de 150 pieds de diamètre; d'après Haller, M. Desfontaines fait une citation encore plus remarquable; il rapporte qu'on voyait, en 1720, auprès de Berne, des tilleuls mutilés par les ans, dont quelques-uns avaient 36 pieds de pourtour. Mais ce qu'on peut regarder comme l'arbre de cette espèce le plus extraordinaire qu'on ait jamais vu, c'est le tilleul cité par Évelin [1]. Sa tige avait 3o pieds de hauteur et 48 pieds de circonférence, c'est-à-dire, 16 pieds de diamètre.

Durée.

Le tilleul vit très-long-temps. On aurait lieu de s'en étonner en considérant qu'il fait partie des arbres à bois tendre, dont la longévité est toujours moins grande que celle des autres. Peut-être doit-il sa longue durée à l'espèce d'incorruptibilité de son bois; car les insectes qui contribuent à la destruction de la plupart des bois, ne l'attaquent jamais. On rencontre fréquemment dans les plantations en avenues des tilleuls âgés de plus d'un siècle. Haller dit, en parlant de ces tilleuls observés par lui en 1720, que nous venons de citer, que ces arbres monstrueux avaient été plantés en 1410; ils auraient eu alors une durée de plus de trois siècles, et ils peuvent avoir existé encore long-temps après. Mais on remarque qu'ils étaient décrépits. Il est difficile de savoir à quel âge a pu commencer leur dépérissement, cependant il est présumable qu'avec la vigueur de leur végétation, les tilleuls mêmes qui viennent dans les plus grandes dimensions doivent avoir terminé

[1] *Histoire des Plantes.*

leur croissance à 100 ans, et qu'ils sont susceptibles de vivre un bien plus grand nombre d'années
sans prendre d'accroissement.

CULTURE.

Les tilleuls se propagent par le recru de leurs
souches, par le moyen des marcottes et des boutures, et par leurs graines.

Terreins.

Les tilleuls viennent à peu près dans tous les
terreins, pourvu qu'ils ne soient pas trop humides ; ils préfèrent généralement les terres légères
ni trop sèches ni trop fraîches et qui ont un peu
de profondeur.

Semis, marcottes et boutures.

On sème la graine de tilleul aussitôt sa maturité.
Si on n'en fait le semis qu'au printemps, il convient
de la conserver dans du sable pendant l'hiver.
Sans cette précaution elle ne lèverait que la
deuxième année, et même il en manquerait beaucoup. On fait ces semis en planches, de la manière
que nous avons indiquée pour d'autres semis, mais
rarement à demeure. Au bout de trois ou quatre
ans, ils produisent du plant que l'on peut arracher

pour le faire servir aux plantations forestières ou à celles que l'on fait dans les pépinières pour élever des tilleuls à tige.

Mais le moyen de multiplication par marcottes est si prompt en comparaison de celui des semis, qu'on l'emploie presque toujours de préférence, quand on en a la facilité. Ce moyen consiste à couper à peu près rez terre un gros tilleul ; sa souche produit une grande quantité de bourgeons que l'on peut provigner dès l'automne suivant. Cependant si on leur laisse prendre deux années avant d'en faire le couchage, le plant qui en résultera sera plus fort. Une année après l'opération, ces rejetons seront tous enracinés, et ils produiront des plants propres à la transplantation, qui seront bien plus avancés que ceux qu'auront pu fournir les semis en quatre ans.

Duhamel dit qu'après qu'une souche de tilleul ainsi préparée a jeté ses bourgeons, il suffit de la couvrir d'une certaine épaisseur de terre, et que ces bourgeons, sans être couchés, forment également des racines. Il est vrai que ce moyen peut réussir aussi, mais celui des provins ou marcottes est encore plus sûr, parce que les branches se crevassent un peu à l'endroit où elles se ploient, et cela facilite la naissance des racines. Ce déchirement est tellement nécessaire, qu'on est obligé dans plusieurs espèces d'arbres qu'on multiplie de marcottes, d'y suppléer par plusieurs incisions.

Nous avons précédemment fait connaître le procédé bien simple employé pour faire les boutures ; il est le même pour cet autre moyen de multiplication du tilleul, mais il est moins prompt et moins sûr que celui des marcottes. On l'emploie moins fréquemment.

Plantations.

On plante rarement comme essence dominante le tilleul dans les forêts. Cependant, à cause de la rapidité de son accroissement, il mérite d'y être cultivé.

On le plante comme le bouleau, et sa culture n'est pas plus dispendieuse.

Pour les plantations de ligne, telles que quinconces et avenues, on prend les tilleuls-tige que l'on a élevés dans les pépinières depuis l'âge de 6 ans jusqu'à 10. Ils reprennent très-facilement. Leur plantation se fait comme toutes celles de ce genre.

EXPLOITATION ET PRODUIT.

Dans les bois où cette essence est dominante on en règle la coupe depuis 10 jusqu'à 30 ans : rarement on exploite le tilleul au-dessus de cet âge dans les forêts, parce qu'après 30 ans son accroissement est faible dans les massifs, et il ne serait pas aussi avantageux dans l'état de gaulis ou de futaie que dans celui de taillis.

Comme nous l'avons vu en divers endroits, on aménage le tilleul à 10 ans. Lorsqu'on le coupe à cet âge, c'est principalement pour obtenir son écorce, qui sert à la fabrication des cordes à puits. C'est le plus utile produit qu'on en tire, car le bois a peu de valeur. Il n'est propre qu'à faire des perches et des fagots. Depuis 20 jusqu'à 30 ans les taillis de tilleuls fournissent du bois de corde de divers échantillons.

La valeur de ces coupes ne peut pas s'apprécier exactement; elle dépend dans chaque pays de la rareté ou de la profusion du bois; mais on peut l'estimer à peu près sur le pied de celles des autres bois tendres.

Les produits des tilleuls qui ont crû isolément, soit en avenues ou quinconces, etc., etc., sont d'une tout autre importance. On en tire des bois de service et de chauffage qui leur donnent partout une certaine valeur. Ces arbres se vendent à la pièce, et le prix qu'on leur donne est subordonné bien entendu à leur grosseur.

UTILITÉ ET USAGE.

Bois à brûler.

On peut dire que le bois de tilleul au feu est d'un usage plus agréable qu'utile, car il brûle vite, produit de mauvais charbon et peu de chaleur ; mais il rend une flamme claire et ne donne presque pas de fumée ; ces propriétés le rendent propre par excellence aux manufactures de porcelaines, celle de Sèvres en faisait beaucoup d'usage. Ce bois, quoique tendre et léger, a un grain fin et plein ; il est sec de sa nature et a peu d'extractif ; cela explique sans doute son genre de combustion et l'antipathie qu'ont pour lui les insectes.

Usage dans les travaux d'art.

Le tilleul est propre à un grand nombre de travaux d'art ; car ayant peu d'humidité végétale, il ne se tourmente point et il est presqu'incorruptible à l'air. Ces qualités et la nature de son bois tendre et d'un grain fin le font beaucoup rechercher des sculpteurs, qui en font une infinité de beaux ouvrages, tels que statues, figures, chapiteaux, corniches sculptées, arabesques, feuilles d'ornemens, bordures d'estampes, etc., etc. Les graveurs sur bois en font aussi usage.

On débite le tilleul en sciage dans les échantillons suivans : planches, voliges, entrevous, membrures et tables; ces divers échantillons fournissent la plupart des bois nécessaires aux sculpteurs et aux graveurs. Ces bois s'emploient dans la menuiserie pour faire des corniches et autres ouvrages à moulures; dans l'ébénisterie pour faire des bâtis de meubles et des meubles légers; dans l'art du carrossier, pour faire les panneaux des caissons de voiture; dans l'art du tourneur, pour faire des chaises et divers ouvrages du tour.

Ce bois se façonne encore aux ouvrages délicats de la tabletterie; on en fait des boîtes et des nécessaires fort élégans, parce qu'il prend très-bien le poli et la couleur. On voit des tabatières faites en bois de tilleul, d'une exécution parfaite; nous en avons vu dont la délicatesse du travail était telle, qu'on les estimait, dans le premier moment de leur apparition, jusqu'à l'égal de leur pesant d'or.

Écorce du tilleul.

Nous avons vu qu'en beaucoup d'endroits l'écorce du tilleul en faisait le meilleur produit. Souvent on cultive et aménage cette essence exprès pour cette partie de l'arbre dont on fabrique généralement les cordes à puits, parce que cette substance résiste mieux à l'humidité que toutes celles qu'on pourrait employer pour ces cordages, et qu'elle les rend moins chers. Pour obtenir cette écorce et la rendre propre à la fabrication des cordes à puits, on prend les branches des tailles qu'on a abattues à 9 ou 10 ans, et on les met en bottes macérer dans l'eau. Cette opération a pour but d'enlever le gluten qui unit les filamens de l'écorce, ainsi qu'on le fait pour le chanvre ; on l'appelle le *rouissage*. On enlève ensuite cette écorce pour la tordre et filer en corde.

Propriété en médecine.

La *fleur*. Les fleurs de tilleul sont chaudes, discussives, céphaliques et antispasmodiques ; elles sont bonnes contre l'épilepsie et l'apoplexie[1] ; on les prend en infusion comme du thé. On en retire par la distillation une eau que l'on boit pour calmer les affections nerveuses et les douleurs d'entrailles.

Les *feuilles* sont dessiccatives et astringentes. Selon Gaspard Bauhin, la décoction de feuilles de tilleul guérit les fistules et les ulcères malins de la bouche des enfans, si on les en lave ; elles sont bonnes contre la douleur du ténesme, appliquées en forme de fomentation sur le siége ; étant appliquées en cataplasme, elles ramollissent et gué-

[1] *Dictionnaire pharmaceutique.*

rissent les tumeurs et enflures des pieds [1] et calment les inflammations.

L'écorce. Gaspard Bauhin dit que l'écorce du tilleul commun étant mâchée, est bonne pour guérir les plaies et les brûlures, en l'appliquant dessus. Cette propriété est produite par le mucilage abondant que contient l'écorce. Sa décoction faite dans du vin est bonne pour les cachectiques. Voyez le *Dictionnaire pharmaceutique*.

[1] *Dictionnaire pharmaceutique.*

ACACIA VULGAIRE ou FAUX ACACIA.

ROBINIA PSEUDO ACACIA.

DESCRIPTION.

Caractères génériques.

Calice en cloche à {quatre lobes. Gousse allongée polysperme.
(Desfontaines.)

Caractères spécifiques.

Fleurs en grappes, pédicules uniflores.
Feuilles pinnatifides, folioles, inégales, stipules épineux.

Floraison. Elle se fait en juin.

Fructification. Les graines mûrissent en octobre.

Le *genre* dont le faux acacia fait partie, se compose d'une dixaine d'espèces. Il appartient à la famille des légumineuses comprise dans la quatorzième classe des végétaux, selon la méthode naturelle de Jussieu.

Nous ne traiterons que du robinier acacia vulgaire ou faux acacia, originaire de l'Amérique septentrionale.

Le faux acacia est cultivé en France depuis l'an 1600, sous le règne de Henri IV. Il y a été naturalisé par Jean Robin, et Linnæus, pour éterniser sa mémoire, a donné son nom au *genre* dans lequel cet arbre précieux est placé. Il a reçu le nom vulgaire d'acacia, à cause qu'il a quelque ressemblance avec l'acacia des anciens, qui est une espèce de sensitive; et les botanistes, pour éviter qu'on ne le confonde dans la nomenclature avec le véritable acacia, lui ont donné l'épithète de faux ou *pseudo*.

Quoique l'acacia vulgaire soit connu et répandu partout, il ne forme cependant pas une essence forestière, nonobstant on le classe assez généralement parmi les arbres forestiers. Nous le plaçons aussi dans cette catégorie, parce qu'on le cultive beaucoup et qu'il est susceptible de devenir une des essences les plus utiles de nos bois.

On conçoit facilement l'enthousiasme que cet arbre a produit, et l'intérêt qu'il inspire toujours. On connaît sa beauté, et il en est peu qui soient aussi dignes d'admiration. Il acquiert en peu de temps de superbes dimensions. Au terme de sa croissance il devient un des plus grands arbres; son port est majestueux, et, par la nature de sa végétation, il joint l'élégance à l'énergie de ses

formes. Sa tige est droite et bien filée, et elle
donne naissance à des branches nerveuses se diri-
geant obliquement, et qui souvent divisent à une
certaine hauteur le tronc en autant de corps d'arbres. Cette disposition se manifeste fréquemment,
et on est quelquefois obligé, pour consolider ce
branchage sujet à s'éclater, de l'entourer d'un
lien de fer. Son feuillage composé est gracieux
et d'un vert gai qui conserve sa fraîcheur jusqu'à
la dernière saison. Mais où l'acacia fixe surtout
l'attention, c'est au moment de sa floraison; il est
presque le seul arbre où cet acte de la végétation
soit aussi remarquable. Au second mois du printemps, l'extrémité de chacun de ses rameaux présente une grappe de fleurs blanches ayant quatre
à cinq pouces de longueur, et pendant avec
grâce. On ne peut trop admirer l'effet que produit
cette multitude de fleurs qui couvre les acacias les
plus élevés, depuis la naissance des branches jusqu'à la cime, et dont la blancheur contraste agréablement avec le vert tendre du feuillage, qui en
fait ressortir tout l'éclat. Elles ne flattent pas
moins l'odorat que la vue, elles répandent dans
l'air une odeur assez semblable à celle de la fleur
des orangers. On croit en respirer l'agréable parfum partout où se trouve des acacias dans le moment de leur floraison.

VIE ET VÉGÉTATION.

Le faux acacia est peut-être le seul arbre dont la végétation soit aussi vigoureuse. Très-fréquemment il donne sur souche des pousses de six à huit pieds de longueur dans une année, et le plant venu de graine acquiert souvent autant de force pendant ce même laps de temps que celui des autres espèces d'arbres en deux ou trois ans. Malgré cette disposition à croître avec vigueur, l'acacia restreint sa végétation dans les limites auxquelles on veut l'assujettir; il souffre le ciseau et prend assez bien la forme qu'on veut lui donner par la tonture. Cette faculté le rend propre à être planté en avenues dans les jardins, et surtout comme son bois est armé d'épines, à faire des palissades défensives ou haies de clôture.

Accroissement.

L'accroissement du faux acacia est en général très-rapide, et principalement dans les premières années de sa vie. S'il est placé dans le terrein qui lui plaît, en quinze ans il parvient à plus de 30 pieds de hauteur, et sa tige acquiert jusqu'à 2 pieds de circonférence. Plus tard sa végétation n'est pas moins vigoureuse, mais elle ne paraît pas aussi sensible, parce que l'arbre prend alors plus de développement.

Chez nous, le faux acacia, au terme de sa carrière, s'élève à 60 ou 70 pieds, et son tronc acquiert environ deux pieds de diamètre. Nous n'en avons pas vu qui aient pris un plus grand accroissement. Vraisemblablement cet arbre vient dans des dimensions plus considérables dans le pays dont il est originaire.

Durée.

Le faux acacia, comme arbre à bois dur, paraîtrait susceptible de vivre long-temps. Toutefois nous n'avons pas de données certaines sur sa longévité. Nous avons vu des acacias plantés depuis 50 ans, qui ne donnaient aucuns signes de dépérissement; cependant, à cause de la rapidité de son accroissement, il pourrait bien ne pas avoir une durée aussi grande que semblerait devoir le faire présumer la dureté de son bois, circonstance qui indique presque généralement une longue vie dans les arbres.

CULTURE.

L'acacia se propage par les drageons que produisent ses racines, par le recru de sa souche lorsqu'on le coupe à blanc, et par ses graines.

Terrein et exposition.

Le faux acacia n'est pas difficile sur la nature du terrein, il vient à peu près partout. Cependant comme ses racines sont voraces, il préfère les terres substantielles, et il s'accommodera plutôt d'un sol un peu sec que d'un sol trop humide. Cet arbre réussit mieux à l'exposition du nord qu'à celle du midi ; on doit la choisir dans la culture de l'acacia, si on en a la faculté.

Semis.

Pendant long-temps l'acacia a été peu répandu. On le traitait comme un arbre rare et de curiosité, et on s'est donné beaucoup de peine pour sa propagation. On ne semait que dans des pots que l'on mettait sur couche en couvrant les jeunes plants de divers abris. Mais à mesure qu'on en a étendu la culture, on a découvert toutes les ressources de sa végétation, et on a négligé des soins qui devenaient superflus. Aujourd'hui, pour propager l'acacia, on se contente de semer au printemps les graines en pleine terre. Au bout de 2 ans elles produisent des plants bons à mettre en place, qui n'ont eu besoin d'être abrités que des fortes gelées. Sa culture est devenue tellement facile, qu'il suffit, si l'on veut faire une haie d'acacias, de semer les graines dans un rayon tracé dans la direction qu'on veut donner à cette clôture. Elle sera déjà formée et défensive au bout de 4 ou 5 ans, si on a eu le soin de la rapprocher à mesure par la tonture.

Multiplication par les racines.

Les racines du faux acacia sont abondantes ; elles tracent beaucoup et s'étendent fort loin, ce qui rend leur voisinage nuisible aux terres en culture, qu'elles épuisent. Celles de ces racines qui sont le plus à fleur de terre produisent en assez grande abondance des drageons qui sont pour la plupart propres à être plantés. Mais on en obtiendra une plus grande quantité, et de mieux enracinés, si l'on fait autour d'un jeune acacia une petite tranchée circulaire à deux pieds environ du corps de l'arbre. Les racines produiront à l'endroit où elles seront entaillées une forêt de rejetons qui seront autant de plants, et l'arbre n'en souffrira pas.

Ce moyen de multiplication est à la vérité plus prompt encore que celui des semis, mais il ne doit pas lui être entièrement préféré, parce que le plant est toujours d'un succès moins certain que celui obtenu par les graines, et il importe de s'exposer à moins de chances que possible dans une plantation.

Plantations.

On peut faire des plantations forestières en
acacia avec plus de succès encore que celles d'aucune autre essence, attendu la vigueur de sa végétation ; mais on a peu étendu encore les plantations de ce genre. Les épines dont ce bois est
garni peuvent à quelques titres donner de l'éloi-
gnement pour sa culture dans les forêts, car il
faut convenir que c'est un assez grand inconvénient. Cependant l'acacia n'est armé de ces aiguillons dangereux que dans sa jeunesse ; ils disparaissent à mesure que l'arbre prend de l'accroissement;
il n'y a que le jeune bois qui les conserve. Cet
inconvénient serait très-sensible dans les jeunes
taillis, mais il deviendrait nul dans les deux états
de gaulis et de futaie, dans lesquels l'acacia serait
parfaitement susceptible d'être aménagé.

Les grandes propriétés du bois d'acacia, dans
l'usage du chauffage et dans une foule de travaux
d'art, ne peuvent qu'engager à en faire un jour
une essence dominante dans la culture des bois ;
si on ajoute à tout cela que le bois d'acacia pourrait remplacer le chêne dans un bon nombre d'u-
sages, et surtout si on fait attention à la grande
rapidité de son accroissement en comparaison de
celui du chêne.

Une plantation forestière d'acacia s'établirait

avec les mêmes dispositions préparatoires que celles des autres essences, et sa culture ne pourrait qu'être ensuite bien moins dispendieuse.

Au bout de deux ou trois ans de semis, on prend les jeunes acacias et on les transplante dans la pépinière pour élever des arbres-tige, soit pour y greffer d'autres espèces ou pour les faire servir aux plantations de ligne ou en massif. On prend les acacias-tige qui sont destinés à ce dernier usage, depuis l'âge de 6 ans jusqu'à 10, et on en fait la plantation de la même manière que celle de ce genre, que l'on fait en d'autres essences.

EXPLOITATION ET PRODUIT.

Si le faux acacia formait une essence dominante dans les forêts, elle serait susceptible de s'aménager comme le chêne ; si ce n'est que dans l'état de futaie elle n'arriverait pas à un aussi grand âge, mais elle y produirait également de beaux bois. Où l'acacia présenterait de grands avantages comme revenus, ce serait sans doute dans l'aménagement en taillis ; car dans cet état, il est aussi avancé à 15 ans que d'autres essences à bois dur le sont à 25. Nous avons vu dans un bois particulier une jeune taille d'acacias de 5 ans, dont les brins, de 5 à 6 pouces de circonférence à leur base, avaient acquis régulièrement 12 et 15 pieds

de hauteur. On sent quelle peut être la progression
de cet accroissement jusqu'à 15 ans, et au-delà de
cet âge.

Cette espèce d'arbre n'étant point encore répandue sur le sol forestier, notamment en essence dominante, on ne peut déterminer par l'usage la valeur
que les coupes dans leurs différens âges pourraient
avoir en superficie; mais si l'on considère que les
propriétés de ce bois pour le chauffage et d'autres
usages approchent beaucoup de celles du chêne,
on pourrait peut-être choisir cette dernière essence pour base de son estimation.

UTILITÉ ET USAGE.

Le bois d'acacia est pesant, dur et plein; sa
fibre ligneuse est longue, serrée et coriace; il ne
manque pas de liaison, et sa contexture est parfaite; il brûle bien, tient au feu, et produit beaucoup de chaleur. Il est pour le chauffage d'un aussi
bon usage que le bois de chêne.

Usage dans les travaux d'art.

Les propriétés que nous venons de remarquer
placent l'acacia parmi les bois les plus utiles dans
les arts. La solidité de son tissu ligneux lui donne
de la résistance et une très-grande force : il est
propre à faire de la grande et menue charpente

pour les bâtimens. M. Desfontaines ' dit que dans l'Amérique septentrionale où on fait beaucoup de cas du faux acacia , on emploie communément son bois dans les constructions ; il ajoute que les Anglais le préfèrent à tout autre pour faire les chevilles des vaisseaux.

A mesure qu'on se sert du bois d'acacia, on reconnaît toutes ses propriétés utiles. On ne peut chaque jour qu'en étendre beaucoup l'usage dans les travaux d'arts. Déjà on s'en sert dans le charronnage pour les divers ouvrages où on emploie le chêne , le frêne et l'orme. On en fait des limons , des brancards, des ridelles , des raies , divers instrumens d'agriculture , et plusieurs autres ouvrages de gros charronnage où le bois doit présenter beaucoup de résistance.

Le bois d'acacia est jaune et reçoit bien le poli ; cette couleur est assez agréablement nuancée par de petites bandes longitudinales et verdâtres dont il est quelquefois veiné. On en fait des meubles aussi propres que ceux fabriqués en noyer. On l'emploie dans la menuiserie pour faire des placards et armoires à demeure ; dans l'art du tourneur pour faire des chaises , des manches d'outils, des poteaux, des balustres , et toutes sortes d'ouvrages du tour.

Les branches de l'acacia venant d'un taillis de

3 à 10 ans, sont propres à donner du cerceau
insi que des échalas d'une longue durée pour la
igne. Quelques auteurs pensent qu'on peut re-
irer du bois d'acacia une teinture jaune, et que
i on le fait bouillir avec des laines, il leur com-
nunique cette couleur, à laquelle on peut donner
livers degrés d'intensité.

Les troupeaux mangent avec avidité les feuilles
lu faux acacia lorsqu'elles sont fraîches ; elles
)euvent, étant séchées, fournir pour les bestiaux
un bon fourrage dans l'hiver.

On dit que les fleurs de l'acacia ont quelques
)ropriétés en médecine, qu'elles sont antispas-
nodiques et qu'elles entrent dans la préparation
l'un sirop agréable et rafraîchissant, dont on
)eut faire une boisson pour se désaltérer. Duhamel dit, dans son traité de cet arbre, que ses ra-
:ines passent pour être pectorales ainsi que la ré-
glisse.

ÉRABLE. *ACER*.

Caractères génériques.

Fleurs monoïques, polygames ou dioïques, calice à cinq divisions profondes. Corolle à cinq pétales, quelquefois nulles. Cinq, huit ou dix étamines attachées à un cercle glanduleux qui entoure la base de l'ovaire. Un style, deux stygmates.

Fruits. Deux capsules réunies par la base, terminées par une aile membraneuse. (DESFONTAINES.)

Le *genre* érable a donné son nom à la famille dont il fait partie. Elle est comprise dans la treizième classe des végétaux, selon la méthode naturelle de Jussieu.

On connaît quatorze espèces d'érables. Nous ne traiterons que des trois espèces suivantes, qui font partie de nos forêts.

L'érable champêtre, originaire de France.

Acer campestre. (LINNÉ.)

L'érable sicomore ou faux platane, originaire de France.

Acer pseudo platanus. (LINNÉ.)

L'érable plane ou plaine, aussi originaire de France.

Acer platanoïdes. (LINNÉ.)

La sève de la plupart des érables est très-abondante et contient une matière sucrée qui est plus
ou moins intense, selon la nature des espèces et
les pays où elles croissent. C'est dans le Canada
que ces arbres produisent en quantité cette substance précieuse. Dans ce pays on cultive les érables comme en d'autres on cultive la canne à sucre.
En Canada, l'extraction du sucre d'érable est
une occupation et une branche de commerce d'une
grande importance.

L'espèce dont on tire le plus généralement du
sucre, est un très-grand arbre qui ressemble
beaucoup par son feuillage à l'érable plane de nos
forêts, mais qui s'en distingue par deux caractères très-marqués, savoir : que les feuilles ne
sont pas lactescentes comme au plane, et que les
boutons sont bruns. Son nom, proprement dit,
est *érable à sucre*. (Acer saccharinum. LINNÉ.)

Duhamel rapporte que les habitans du Canada
tirent le sucre de deux espèces d'érables ; l'une,
que l'on appelle érable blanc, et l'autre, érable
rouge ou de plaine, et que l'on distingue la liqueur
de ces deux espèces, par le nom de *sucre d'érable* pour la première, et de *sucre de plaine* pour
la seconde. La liqueur de l'érable blanc est plus
abondante en principe sucré. C'est l'espèce que
nous venons de désigner sous le nom d'érable à
sucre.

Bien que ces deux érables ne fassent pas partie

17

de la collection que présente cet ouvrage, il ne nous paraîtra pas hors de propos de donner en passant un aperçu des procédés employés pour extraire le sucre d'érable.

C'est depuis le mois de novembre jusqu'à la mi-mai que l'on tire la sève des érables. Pour l'obtenir, on fait dans le corps de l'arbre une incision ovale dirigée longitudinalement, ou un trou avec une tarière. Ces entailles doivent pénétrer profondément dans le bois, car la sève sort du tissu ligneux et non pas du liber. On adapte dans la plaie une baguette ou une petite règle de bois inclinée; la liqueur, qui sort avec abondance, suit ce conduit et tombe dans un vase que l'on a placé dessous.

On entaille les érables du côté du midi, car du côté du nord il ne sortirait pas de sève, et par cette même raison, les arbres placés continuellement au soleil donneront plus de cette liqueur, que ceux qui seront exposés aux vents froids.

Duhamel dit que l'écoulement de la sève des érables se ralentit lorsque viennent les gelées, mais que son activité reprend quand le temps se radoucit. Il ajoute que l'époque de la saison où on peut retirer beaucoup de liqueur, est depuis la mi-mars jusqu'à la mi-mai. Il rapporte, d'après les Mémoires de M. Gaultier, qu'elle coule en si grande abondance, qu'elle peut remplir une pinte

dans un quart d'heure. Mais ces sources se taris-
sent entièrement au moment de la feuillaison de
l'arbre, et on est obligé, l'année suivante, de
faire d'autres entailles pour tirer de la sève, parce
que celles-ci ne peuvent plus en donner.

Voici comment on fait le sucre d'érable. On met
la sève que l'on a obtenue dans des chaudières de
cuivre ou de fer. On la soumet à divers degrés
d'ébullition, pour évaporer la partie aqueuse. On
enlève l'écume qui se forme, et à mesure que la
liqueur commence à s'épaissir, on a soin de la
remuer avec une spatule de bois, jusqu'à ce qu'elle
ait acquis la consistance de sirop épais. Dans cet
état, on la verse dans des moules de terre ou d'é-
corce de bouleau. Ce sirop, en refroidissant, se
durcit, et c'est le sucre d'érable qui est roux et
un peu transparent. Il est d'un goût très-agréable,
si on a bien saisi le degré de cuisson convenable.

Ainsi qu'il résulte des Mémoires de M. Gaultier,
deux cents pintes de liqueur peuvent produire dix
livres de sucre; de son temps, on faisait par an
en Canada, environ quinze milliers de ce sucre,
qui se vendait sur le pied de dix sous la livre.

Selon cet auteur, on emploie en Canada le sucre
d'érable aux mêmes usages que le sucre de cannes,
et il passe pour être pectoral, adoucissant, et
propre à calmer les toux violentes.

ÉRABLE CHAMPÊTRE.

ACER CAMPESTRE.

DESCRIPTION.

Caractères spécifiques.

Fleurs disposées en corymbes et droites.

Fruits, capsule didyme, ailée, ou polakène bipartible.

Feuilles quinquelobées, un peu sinuées, souvent tachées en dessus, lobes obtus.

Floraison. Elle se fait au mois de mai.

Fructification. Les graines sont à leur maturité à l'époque de la chute des feuilles.

L'érable champêtre est un arbre de moyenne grandeur, qui croît spontanément dans les forêts, où on le trouve en assez grande abondance, quoiqu'il y soit rarement une essence dominante. Il a peu d'importance dans l'économie forestière.

Sans avoir rien de remarquable, il a un port agréable dans sa stature. Son feuillage, découpé, n'est pas sans élégance, et sa verdure est gaie. On rencontre fréquemment cet érable dans les plaines, au milieu des haies et sur la lisière des bocages. Son écorce est graveleuse et blonde.

VIE ET VÉGÉTATION.

L'érable champêtre a des rameaux serrés, et croît souvent en buisson. Sa végétation est assez active, mais elle n'a pas dans sa nature une vigueur qui rende cet arbre remarquable par la rapidité de sa croissance. Il habite tous les climats de la France ainsi que tous ceux des mêmes latitudes en Europe, et il se plaît particulièrement sur les coteaux.

Accroissement et durée.

L'érable champêtre fait sa croissance lentement, et il paraît susceptible de vivre assez long-temps. Sa hauteur ordinaire est de 25 à 30 pieds, et sa tige acquiert 2 pieds de circonférence. Dans les terreins qu'il préfère, il double quelquefois ces dimensions.

CULTURE.

Cet érable se reproduit par le recru de sa souche et par ses graines ; il vient dans tous les terreins, mais il préfère un sol substantiel et un peu frais.

Quoique ses graines se sèment et lèvent d'elles-mêmes dans les bois , on cultive l'érable champê-tre dans les pépinières, pour faire du plant forestier et l'élever en arbre-tige ou en buissons , pour les plantations en massif. On sème les graines en automne, peu après leur récolte, dans des planches préparées, et on les recouvre d'une lé-gère épaisseur de terre ; elles lèvent facilement , et au bout de trois ans le plant peut servir aux plantations forestières ou à celles que l'on établit dans les pépinières , pour faire les élèves dont il vient d'être parlé.

On plante rarement cet arbre en ligne , parce que son accroissement est lent et qu'il ne fait pas une belle tige, mais il est très-propre aux plan-tations en massif, parce qu'il garnit beaucoup avec son feuillage épais.

EXPLOITATION ET PRODUIT.

L'érable champêtre n'est propre dans les forêts qu'à fournir du taillis. Il vient bien avec le charme et quelques autres bois durs, dont il a , comme bois à brûler, à peu près la valeur.

UTILITE ET USAGE.

Le bois de l'érable champêtre est dur, compacte et d'un grain très-fin ; sa couleur est d'un jaune clair ; il est veiné et prend très-bien le poli. Ce bois produit un fort bon chauffage, et il est propre à beaucoup d'usages dans les travaux d'art. On l'emploie dans la menuiserie, l'ébénisterie, la marqueterie, l'arquebuserie, le charronnage et l'art du tourneur. On le débite en planches, tables et membrures.

Le bois d'érable est sec et sonore, et ne se tourmente pas ; il est beaucoup recherché par les luthiers, qui en font les joues et rouleaux des instrumens à cordes ; il est quelquefois désigné par le nom de *bois à violons*. On en fabrique des jouets d'enfans, des boîtes, des tabatières, des pipes et une foule de petits ouvrages délicats, de l'art du tour, et de la tabletterie.

Si l'érable champêtre est noueux, ce qui arrive quand il a crû dans un mauvais sol, ou lorsqu'on a souvent rapproché ses branches par la tonture, son bois est noueux et veiné très-richement avec la jolie couleur citrine qu'il prend avec le poli. Il se débite facilement en feuilles, et nous avons vu à l'exposition des produits de l'industrie française, faite en 1823 au Louvre, divers petits meubles de boudoir fabriqués en placage d'érable, dont la grâce et l'élégance étaient parfaites.

L'érable champêtre a un branchage très-rameux, et il se prête on ne peut mieux à la tonture; on l'emploie fort utilement pour former des haies de clôture. Dans cet état, la végétation de l'érable ne paraît nullement contrariée; il existe même beaucoup de terreins dans lesquels elle ne peut pas prendre de plus grands développemens. Les feuilles de l'érable sont recherchées par la plupart des bestiaux : en beaucoup d'endroits on les fait sécher pour les employer comme fourrage pendant l'hiver.

ÉRABLE SICOMORE.

ACER PSEUDO PLATANUS.

DESCRIPTION.

Caractères spécifiques.

Fleurs disposées en grappes, longues et pendantes.
Fruits. Capsules didymes, ailées.
Feuilles divisées en cinq lobes aigus, dentelures inégales.
Rameaux. Glabres à leur naissance.

Floraison. Elle se fait au mois de mai.
Fructification. Le fruit est à sa maturité en septembre.

Cet érable n'est pas le sicomore des anciens, qui est une espèce de figuier, que nous croyons être le *ficus mauritiana* de Lamarck, qui croît à l'Ile-de-France. Cependant il a reçu cette dénomination, et on le désigne partout sous le simple nom de sicomore.

L'érable sicomore, sans être dominant dans les forêts, s'y trouve répandu en beaucoup d'endroits. Son bois a un grand nombre de propriétés; ses produits sont rapides et abondans, et il est susceptible de former une des plus utiles essences forestières que nous ayons.

Le sicomore est un des beaux arbres de la nature ; il acquiert de très-grandes dimensions, et sa durée est grande. Sa tige est droite et bien filée, elle se couvre d'une écorce grisâtre, lisse dans sa jeunesse, et qui devient crevassée en feuilles, à mesure qu'il prend de l'accroissement. Son branchage est bien pris et donne à sa tête une grande périphérie et une forme régulière. Cependant il est peu rameux, et a moins de grâce dans son détail que dans son ensemble. Son feuillage est nuancé agréablement, par l'opposition des couleurs verte et blanchâtre qu'il réunit, mais il est clair et donne peu d'ombrage.

Les feuilles se font remarquer par le genre de leur forme. Elles sont découpées profondément en cinq lobes aigus, échancrés eux-mêmes par des dentelures irrégulières ; de longs pédoncules les supportent, et présentent avec grâce ce feuillage, dont l'élégance frappe on ne peut plus agréablement le coup-d'œil. Les fleurs sont petites, de couleur verdâtre, et disposées en grappes pendantes. Elles sont peu remarquables. Il leur succède des graines aplaties, surmontées d'une aile membraneuse d'abord verte, et qui devient brunâtre lorsque le fruit arrive à sa maturité.

VIE ET VÉGÉTATION.

Climat.

Le sicomore a une végétation énergique. Dans les terreins qu'il préfère, il en déploie toute la richesse. Il habite la France, la Suisse, et tous les pays des climats tempérés de l'Europe ; il se plaît dans les plaines, sur les coteaux, et croît aussi sur les plus hautes montagnes.

Accroissement.

A 75 ans le sicomore s'est développé dans les dimensions que lui a données la nature ; il paraît susceptible de continuer son accroissement jusqu'à 100 ans , mais sa progression est peu sensible. Il parvient jusqu'à 100 pieds de hauteur, et son tronc acquiert une grosseur considérable. Il en existe un dans le parc de Saint-Cloud, près le grand jet, dont la tige a bien 12 pieds de circonférence à peu de distance de terre, il est bien conformé, et sa hauteur peut être de 80 pieds. Ce sicomore est véritablement digne d'admiration , car on en rencontre rarement d'une stature aussi remarquable.

Durée.

La durée du sicomore est considérable. Il peut vivre un grand nombre d'années encore, après avoir achevé son accroissement, sans perdre ses qualités. M. Baudrillart rapporte qu'on a arraché plusieurs sicomores âgés de 200 ans, dont le bois était parfaitement sain. La longévité des sicomores dépend de la nature des terreins où ils croissent ; leur durée la plus ordinaire est de 150 ans.

CULTURE.

Le sicomore se propage par le recru de sa souche, qui est vigoureux et abondant, et par ses semences ; sa culture mérite de fixer l'attention des économistes éclairés. Il ne peut que devenir une des plus utiles essences de nos forêts.

Terrein.

Bien que le sicomore vienne dans presque toutes les natures de terreins, il se plaît surtout dans un sol substantiel, graveleux et frais, sans être trop humide. C'est là qu'il développe toutes les ressources de sa brillante végétation ; ce sont ces sortes de terreins qu'on doit, autant que possible, choisir de préférence pour la culture des sicomores.

Semis.

Les semis se font en automne ou au printemps dans les pépinières, pour élever du plant fores-tier ou des arbres-tige pour les plantations de ligne, ou en massif. Si on ne sème qu'au printemps, pour éviter que les mulots ne mangent les graines pendant l'hiver, il conviendra pour conserver ces semences jusque-là, de les stratifier avec quelque peu de terre sèche ou du sable. Cette opération facilitera leur levée, qui sera aussi prompte que si elles avaient été semées en automne. On fait ces semis en pleine terre, de la même manière que l'on fait ceux de l'érable champêtre.

Plantations.

A 3 ans le plant peut être enlevé et servir aux plantations forestières et à celles que l'on fait dans les pépinières, pour l'élever en arbre-tige. Quant à ces premières, on les établit comme celles des autres plants forestiers. Leur prompt accroisse-ment dépendra de la qualité du terrein, mais pourvu qu'il ne soit pas absolument médiocre, le sicomore réussira toujours bien. Il suffit d'entrete-nir pendant 2 ou 3 ans une plantation forestière de cette essence, dont la culture est la moins dispendieuse de toutes. On en fait le recepage à 4 ou 5 ans, selon la manière dont elle prospère.

Les arbres-tige que l'on élève dans les pépinières servent pour y greffer toutes les autres espèces d'érables, et aux plantations de ligne sur les routes, en quinconces et en avenues. Dans cet usage, le sicomore est d'une grande utilité; la vigueur de son accroissement dans sa jeunesse, et sa faculté de s'accommoder de presque tous les terreins, le rendent, surtout pour la plantation des routes, un arbre véritablement essentiel.

Pour ce genre de plantation, on prend le sicomore dans les pépinières, depuis 6 ans jusqu'à 10. Dans ces différentes périodes, il reprend très-facilement; on le plante quelquefois plus âgé. La préparation à faire au terrein consiste dans l'établissement de grands trous, ou d'une tranchée de 4 pieds de large, tracée dans l'alignement que l'on veut planter. On la défonce depuis un pied jusqu'à 3 de profondeur, selon que le terrein est ferme ou mouvant. Il ne convient pas d'étêter le sicomore.

EXPLOITATION ET PRODUIT.

Si le sicomore est essence dominante, on peut l'exploiter en taillis, en gaulis et en futaie. S'il se trouve seulement mêlé en petite quantité parmi le chêne, le hêtre, le châtaignier, ou autres essen-

ces à bois dur avec lesquels il sympathise fort
bien, il peut suivre leur aménagement sans perdre
de sa valeur. M. Baudrillart, dans son Dictionnaire
des eaux et forêts, dit qu'on exploite le sicomore
avec beaucoup d'avantages, depuis l'âge de 80 ans
jusqu'à 120, lorsqu'il est mêlé avec le hêtre.

L'utilité principale du sicomore est comme bois
de chauffage, et quoiqu'il soit propre à beaucoup d'autres usages, on ne l'a cependant pas
trouvé susceptible de fournir de la bonne charpente. A cause de cela, il ne serait pas absolument
nécessaire de l'aménager en futaie. Ce serait at-
tendre trop long-temps, pour ne recueillir pour
principal produit, que du bois à brûler. Nous
croyons qu'il sera toujours plus avantageux de
l'aménager en taillis et en gaulis, qui fourniront
à peu près tous les échantillons de bois de chauffage que l'on vend dans le commerce, et presque
tous les bois nécessaires aux usages auxquels le sicomore est propre.

Comme le sicomore ne forme point une essence
dominante, on ne connaît pas par l'usage la valeur
que sa coupe, dans les différens âges, pourrait
avoir en superficie. Cependant comme le bois de
sicomore, dans le chauffage, fait à peu près le
même usage que le bois de hêtre, on pourrait
baser son estimation sur celle de cette dernière
essence.

UTILITÉ ET USAGE.

Le bois de sicomore est blanc, et quelquefois veineux ; sans être dur, il est pesant et plein. Il est liant, sa contexture est ferme, et son grain serré et fin. Ce bois produit un excellent chauffage. Il donne une flamme claire et beaucoup de chaleur. Nous allons rapporter ce que M. Baudrillart dit du bois de sicomore à l'occasion de son utilité comme combustible. « Suivant les expé-
» riences de M. Hartig, il serait le premier de
» tous les bois de chauffage, à cause de la grande
» quantité et de la durée de la chaleur qu'il dé-
» gage. Sa valeur, sous ce rapport, serait à celle
» du hêtre comme 1757 est à 1540. Converti en
» *charbon*, il conserve encore sa supériorité, sa
» valeur à celle du charbon de hêtre étant comme
» 1647 est à 1600. »

On voit que, comme bois à brûler, la valeur du sicomore surpasse même celle du hêtre, qui est regardé partout comme un des meilleurs bois de chauffage.

Usage du bois dans les travaux d'art.

Aux avantages de sa contexture, le bois de sicomore unit ceux de ne point se fendre ni se déjeter, et de n'être point attaqué par les insectes ; il est sec, léger et brillant, se travaille facilement et prend un très-beau poli. On l'emploie dans le charronnage, la menuiserie, l'ébénisterie, l'art du tourneur, l'arquebuserie et la sculpture. On le débite en sciage dans divers échantillons, tels que planches, entrevous, membrures et tables.

On emploie aussi le bois de sicomore dans quelques travaux de construction, exposés à l'eau et à l'air. Les luthiers le recherchent presqu'autant que le bois de l'érable champêtre, pour la fabrication de divers instrumens à cordes. On en fait des cuillers, des assiettes, divers autres objets de vassellerie, et une foule de petits ouvrages délicats de l'art du tour, de la tabletterie et de la marqueterie.

De la sève du sicomore.

Nous avons eu occasion, en annonçant le *genre* dont le sicomore fait partie, de parler de la substance précieuse que produisent les sucs de quelques espèces d'érables, et des procédés employés pour l'obtenir et la confectionner. On a essayé de tirer le même produit de la sève du sicomore. M. Baudrillart dit qu'en France et en Allemagne on a fait diverses expériences tendant à extraire du sucre de la sève que cet arbre a en très-grande abondance. Il fait connaître les résultats de ces expériences, par lesquels on voit qu'on a tiré d'un sicomore de 120 ans, saigné pendant toute la saison, cent soixante-neuf litres de cette liqueur;

et qu'on peut d'un arbre ordinaire saigné pendant huit jours, en obtenir de trente à trente-huit litres. Ceci fait voir qu'un sicomore produit une bien plus grande quantité de sève dans son moyen âge qu'au terme de son accroissement, bien qu'il soit alors un arbre beaucoup plus gros. Cette différence peut provenir de la qualité du terrein et de l'époque de la saison où on fait l'extraction de la sève ; mais elle dépend bien plus vraisemblablement sans doute, de l'époque de la vie de l'arbre, qui doit avoir une plus grande abondance de sève dans la force de sa végétation, qui se manifeste assez ordinairement dans tous les arbres, jusqu'à la moitié ou les deux tiers de leur accroissement.

La quantité de matière sucrée que contient la sève du sicomore est variable. Cette différence peut avoir aussi sa source dans les causes qui font varier la quantité de sève qu'on peut obtenir. Par suite des mêmes expériences, on a extrait la matière sucrée de la sève du sicomore. M. Baudrillart rapporte que, d'un côté, quarante-cinq à quarante-six litres de sève ont produit une livre de sucre, et que d'un autre, quarante-cinq litres en ont produit une livre et demie.

Il résulte de ses expériences, que la sève du sicomore produirait du sucre dans la proportion des deux tiers environ de la quantité qu'en donne celle de l'érable à sucre proprement dit.

ÉRABLE PLANE ou DE PLAINE.

ACER PLATANOIDES.

DESCRIPTION.

Caractères spécifiques.

Fleurs en corymbes non pendantes.
Fruits capsules didymes ayant des ailes très-divergentes.
Feuilles quinquelobées, glabres des deux côtés, denticules acuminées, pétiole glabre.

Floraison. Elle a lieu au moment de la naissance des feuilles.

Fructification. Les graines sont à leur maturité en octobre.

L'érable plane est un arbre de taille ordinaire, mais de moins grande stature que le précédent. Il croît également dans les forêts, sans y être une essence plus dominante : il ressemble beaucoup au sicomore au premier aspect. Il mérite aussi d'être propagé dans les forêts.

Cet arbre a une belle forme, et son branchage, très-étalé, est plus rameux que celui du sicomore.

Son feuillage, épais, produit de beaux ombrages, il est gracieux, et sa verdure est riante. L'érable plane s'assujettit fort bien à la tonture, et produit un bel effet dans les plantations en avenues; mais il est d'un plus bel ornement encore dans les jardins paysagers, où le ton de sa verdure produit avec celle des autres arbres, des contrastes agréables.

VIE ET VÉGÉTATION.

L'érable plane croît avec autant de rapidité que le sicomore. Il n'est pas rare de voir des plants de graines acquérir, en trois ans, 8 à 10 pieds de hauteur. Cette vigueur se fait plus remarquer dans la jeunesse de l'arbre, qui n'a pas moins, à toutes les époques de sa vie, une riche végétation. Souvent pendant les chaleurs de l'été, les feuilles du plane sont couvertes d'une liqueur visqueuse et sucrée, que recherchent beaucoup les abeilles. Cet enduit, lorsqu'il est fréquent, nuit beaucoup à la végétation, parce qu'il bouche les pores des feuilles qui servent à la transpiration de la plante. Cet arbre peut être très-utile dans les pays où on cultive les abeilles. Plusieurs économistes conseillent de le planter dans les endroits mêmes où sont placées les ruches à miel.

Accroissement et durée.

L'érable plane peut croître jusqu'à cent ans, et il est propre aussi à être aménagé en futaie. Il ne s'élève pas autant que le sicomore ; la hauteur à laquelle il peut parvenir au terme de son accroissement, est de soixante-dix pieds environ, et sa tige acquiert une grosseur proportionnée. Nous ne le croyons pas susceptible de vivre aussi longtemps que le précédent.

CULTURE.

L'érable plane vit dans les mêmes climats et les mêmes terreins que le sicomore. Cependant il se plaît encore mieux que ce dernier dans les terreins secs. Sa plantation en forêt ou en avenue peut présenter autant d'avantages. Sa culture est absolument la même.

EXPLOITATION ET PRODUIT.

Le plane peut s'exploiter en taillis, en gaulis et en futaie; mais son aménagement sera plus favorable dans les deux premiers états, par la raison donnée pour celui du sicomore. Sa valeur en superficie est susceptible d'être la même que celle de cette essence.

UTILITÉ ET USAGE.

Le bois de l'érable plane a presque toutes les qualités du bois de sicomore, il ne produit pas tout-à-fait un aussi bon chauffage; mais dans les travaux d'arts il est propre aux mêmes usages.

M. Baudrillart dit que, d'après les expériences de plusieurs forestiers allemands, la sève de l'érable plane serait moins abondante que celle du sicomore, mais qu'elle contiendrait beaucoup plus de matière sucrée.

PLATANE D'ORIENT.

PLATANUS ORIENTALIS. (Linné.)

PLATANE D'OCCIDENT.

PLATANUS OCCIDENTALIS. (Linné.)

DESCRIPTION.

Caractères génériques.

Fleurs monoïques, réunies en globules distincts, sessiles sur un axe grêle, tortueux et pendant.

Fleurs mâles très-petites, séparées des femelles, ou sur le même axe, attachées à un placenta sphérique, et entremêlées d'un grand nombre de petites soies et de petites bractées charnues, obtuses, élargies, irrégulièrement dentées au sommet, plus longues que les étamines. Calice et corolle nuls, étamines nombreuses, agglomérées, tétragones, cundiformes; filets très-courts. Deux anthères distinctes, à une loge, s'ouvrant longitudinalement, attachées le long d'un filet élargi de la base au sommet, terminées par un plateau orbiculaire, déprimé, recouvrant la sommité des anthères.

Fleurs femelles en globules comme les mâles, réunies en petits faisceaux sur un placenta sphérique, parsemées de soies et de petits corps charnus, obtus, tronqués, plus courts que les styles, portés

sur un pédoncule court , et terminés par un plateau orbiculaire.
Ces petits corps ne sont évidemment que des étamines avortées.
Calice et corolle nuls. Ovaire cylindrique, grêle, un style aplati
d'un côté, et dont le sommet est un peu recourbé en crochet.
L'ovaire se renfle ensuite insensiblement, et son pédicule s'al-
longe. Graine en massue, hérissée de soies et terminée en pointe.

Caractères spécifiques.

Platane d'Orient. *Feuilles* palmées, rétrécies à la base, lobes
lancéolés et sinués. Une stipule entoure la base du pétiole.

Platane d'Occident. *Feuilles* divisées en cinq lobes angulaires,
dentelées , rétrécies à la base, pubescentes.

(DESFONTAINES.)

Floraison. Elle se fait en mai et juin.

Fructification. Les graines sont à leur maturité
en octobre et novembre.

On ne connaît que ces deux espèces de platanes
qui ont quelques variétés. Elles appartiennent à
la famille des amentacées et à la quinzième classe
des végétaux, selon la méthode naturelle de Jussieu.

Les platanes méritent d'être classés parmi les
arbres les plus utiles de nos forêts; ils n'y sont
pas beaucoup répandus, mais ils peuvent y devenir une essence aussi importante que le hêtre.
Ces deux espèces se différencient entre elles par
leur écorce et un caractère peu saillant dans la
composition des feuilles. Dans le platane d'Orient
l'écorce est noire, et dans celui d'Occident elle
est jaunâtre; elle s'exfolie dans les deux espèces

et tombe par plaque, et se renouvelle tous les ans.

Les platanes sont des arbres d'une rare magnificence. Ils parviennent à la plus grande hauteur, et leur tige, qui est droite, acquiert une grosseur dont les autres végétaux n'offrent point d'exemple semblable. Elles s'élèvent beaucoup avant de donner naissance aux branches qui s'étendent fort loin en donnant à la cime de l'arbre une forme régulière. Les feuilles grandes et palmées par des échancrures profondes ne sont jamais attaquées par les insectes. Elles sont accompagnées d'une multitude de fruits disposés en longs chapelets, suspendus élégamment à l'extrémité de tous les rameaux. Ce feuillage, dont le ton de verdure charme les yeux, a en général beaucoup de magnificence ; il ajoute à la beauté grave de l'arbre, qui est, par tout son ensemble, mis au rang des grands végétaux auxquels la nature a donné le plus de majesté.

Chez les peuples de l'antiquité on a connu le platane d'Orient long-temps avant l'époque où écrivait Pline, qui en parle en différens endroits de ses ouvrages. Selon ce naturaliste cet arbre était très en honneur chez les anciens ; il dit qu'il fut apporté de par-delà la mer Ionienne, pour orner le tombeau de Diomède, dans l'île de ce nom. « Tous les grands d'alors, dit-il, recher-
» chaient le platane ; on estimait cet arbre à tel

» point, qu'on l'arrosait avec du vin, ayant re-
» marqué que ses racines s'en trouvaient bien. »
Il ajoute qu'il existait en Lycie un platane d'une
dimension extraordinaire, auquel Xercès fit pré-
sent d'une couronne d'or.

Le platane fut ensuite transporté en Sicile, au
temps de Denis l'ancien, qui en fit planter autour
de son palais. Pline nous a conservé l'histoire de
plusieurs autres platanes célèbres par leur énorme
dimension, dont nous allons parler ci-après.

VIE ET VÉGÉTATION.

La végétation des platanes est d'une grande vigueur, dans leur jeunesse; elle peut être comparée
à celle du chêne et du frêne. Leurs branches sont
rameuses et leur feuillage épais. La forme des
feuilles a fait donner au platane le surnom de
main découpée, par lequel on le désigne quelquefois. Ces feuilles sont coriaces, et leur parenchyme
ne contient pas les sucs qui attirent ordinairement
les insectes; aussi en sont-elles garanties et presque incorruptibles : elles ne se consomment qu'au
bout de très-long-temps dans la terre.

Climat.

Le platane d'Orient est originaire d'Asie, et
l'autre de l'Amérique septentrionale. On cultive

les deux espèces également sur le sol de la France. La première a donné lieu, il y a quelques années, à un phénomène de végétation, dont il ne s'était point offert d'exemple. L'hiver de 1812, tous les platanes d'Orient les plus vigoureux ont péri dans notre climat.

On a remarqué que cet accident avait frappé cette espèce par toute la France; on en a été d'autant plus étonné que les platanes d'Orient avaient jusque-là supporté un grand nombre d'hivers tout aussi rigoureux sans en souffrir. Ce phénomène a surtout fixé l'attention dans les lieux où le platane d'Orient se trouvait seul de son espèce et en grand nombre. Il a été particulièrement remarquable dans le parc de Versailles, à l'île d'Amour, où il en existait une plantation âgée d'environ 40 ans. Il semblait, en voyant ces beaux arbres, ne pas prendre leurs feuilles avec ceux qui les environnaient, que la nature, au retour du printemps, avait oublié de leur donner leur parure ordinaire. Ils ont péri, et on a été obligé de les arracher pour les remplacer par une plantation nouvelle, d'une autre essence.

Accroissement.

On peut dire qu'il n'existe pas de végétaux susceptibles de prendre d'aussi grandes dimensions que cet arbre. Pline rapporte qu'en Lycie il y avait un platane (c'est l'espèce d'Orient), devenu tellement énorme, que son tronc, creusé par le temps, formait une grotte de 80 pieds environ de circonférence, dans laquelle le consul Licinus Mutianus, trouvant la chose si merveilleuse, fit donner un festin pour dix-huit personnes. Il en existait un autre non moins célèbre, dans les branches duquel, disposées en planchers, Caligula donna aussi un repas à quinze personnes, sans qu'on y fût aucunement gêné. Nous avons vu quelques platanes d'Occident, très-gros, dont la tige était renflée à la base en forme de massue. Nous n'avons pas vu de platanes de cette structure en assez grande quantité pour assurer si cette nature de végétation est constante chez eux.

Les platanes parviennent à une très-grande hauteur. Ceux que nous avons vus, quoiqu'ils ne fussent guère qu'au tiers de leur croissance, avaient 60 à 70 pieds de hauteur. L'accroissement, ensuite, se manifeste beaucoup plus dans la périphérie de l'arbre que dans son élévation.

Durée.

Nous avons vu des platanes, auxquels on donnait 50 ans, qui formaient déjà de très-grands arbres ; la vigueur qu'ils montraient indiquait qu'ils étaient bien loin encore du terme de leur croissance, bien que le terrein et le climat soient pour

beaucoup dans les grandes dimensions qu'ils prennent. Une aussi grande étendue d'accroissement
ne peut être que l'ouvrage de bien longues années.
Il est présumable que les énormes platanes cités
par Pline étaient âgés de plusieurs siècles.

CULTURE.

Les platanes se propagent par le recru de leur
souche, par les rejetons de leurs racines, les
marcottes, les boutures et par leurs graines.

Terrein.

Les platanes aiment les terres substantielles et
fraîches. C'est dans les lieux humides que leur végétation brille de tout son éclat, et qu'ils peuvent
prendre les dimensions étonnantes que leur a
données la nature.

La culture des platanes ne peut que présenter
de grands avantages, et elle mérite d'être étendue. La qualité de leur bois peut être comparée
à celle du hêtre. La rapidité de leur accroissement
et la beauté de leur port en font des arbres inté-
ressants à la fois sous le rapport du produit et de
l'agrément. Ils se plaisent dans les terreins frais
et sur le bord des eaux. Si on établit dans ces localités des avenues ou quinconces de platanes, ils
produisent en peu de temps de magnifiques ombrages.

Multiplication.

Les platanes sont bien plus difficiles à élever de graines que de marcottes et de boutures, parce que leurs graines, très-fines et souvent avortées, exposent les semis à des chances défavorables, et puis ce moyen est moins prompt que les autres. On ne le néglige pas cependant, et on multiplie les platanes beaucoup aussi par les semis. On les fait au printemps dans les pépinières sur une terre fraîche et légèrement substantielle, préparée en petits carrés ou planches ; on y répand la graine un peu dru en la couvrant ensuite d'un demi-pouce de terre légère. La levée a lieu l'été suivant. Il faut couvrir les jeunes plants pendant l'hiver. A trois ou quatre ans ils peuvent servir aux plantations forestières et aux plantations en pépinière pour former des arbres-tige.

Pour multiplier de marcottes, on coupe de jeunes platanes à fleur de terre. Leur souche produit un grand nombre de rejetons que l'on couche en terre par le procédé employé pour faire les provins. Ils sont fort bien enracinés la deuxième année, et forment autant de jeunes plants dont le succès est assuré. On propage le platane de bouture aussi, mais ce moyen est moins prompt que le précédent.

Nous ne parlerons pas de la manière de faire les diverses plantations de platanes. Elles exigent

les mêmes préparations que toutes les autres, et
ces arbres reprennent en général très-facilement.
Quant à la culture de l'essence platane, comme
plantation forestière, elle est susceptible de ré-
clamer les mêmes soins que celle de l'essence
chêne.

EXPLOITATION ET PRODUIT.

Comme les platanes ne forment point encore
une essence forestière on ne peut parler de leur
exploitation que pour renseignement. Ils sont susceptibles de s'aménager dans les trois états de
forêts, dans lesquels ils donneraient des produits
aussi abondans et d'une aussi grande valeur que
le hêtre.

UTILITÉ ET USAGE.

Le bois des platanes est assez dur et pesant;
son tissu est serré, il est liant, et sa fibre ligneuse
est coriace. On ne peut donner une meilleure idée
de sa qualité qu'en le comparant à celui du hêtre.
Il peut produire un aussi bon chauffage, il est
susceptible, du reste, à être employé aux mêmes
usages.

Le grain du bois de platane est fin, et marbré par
une multitude de petites veines en réseau, qui lui
donnent un certain éclat. On est parvenu à en
faire de fort jolis ouvrages d'ébénisterie; on s'en
sert aussi très-utilement dans le charronnage. Le
platane d'Occident sert aux constructions civiles

dans l'Amérique septentrionale, où on en fait beaucoup de cas. M. Desfontaines dit que les habitans du Mont-Athos creusent les troncs des gros platanes d'Orient dont ils font des barques d'une seule pièce, avec lesquelles ils voguent sur les rivières et sur la mer.

L'écorce des platanes peut servir au tannage des cuirs ; mais elle n'a pas, à beaucoup près, les propriétés de celle de chêne.

Propriétés en médecine.

L'écorce et le fruit du platane sont dessiccatifs. Selon Galien, cité par Matthiole, la décoction de l'écorce cuite dans du vinaigre est fort bonne contre le mal de dents, et son fruit, incorporé avec de la graisse, sert, étant appliqué, à la guérison des ampoules et ulcères causés par les brûlures. Il ajoute que l'écorce, même employée seule, guérit les ulcères humides et invétérés, et que les feuilles broyées et employées en forme d'emplâtre servent utilement aux apostèmes qui commencent à venir. Les mêmes auteurs conseillent de se garder d'attirer par le souffle la poussière cotonneuse qui couvre les feuilles, parce qu'elle est très-nuisible aux poumons qu'elle dessèche et irrite, et gâte par ce moyen la voix. Ils ajoutent que cette poussière est également nuisible à la vue et à l'ouïe, si ces organes en ont éprouvé le contact.

NOYER. *JUGLANS.*

DESCRIPTION.

Caractères génériques.

FLEURS MONOÏQUES.

Fleurs mâles en chatons pendans, garnies d'écailles, dont chacune est portée sur un pédicelle horizontal. Calice à six divisions profondes. Corolle nulle. Dix-huit à vingt étamines droites, presque sessiles. Anthères à deux loges.

Fleurs femelles solitaires, deux à deux ou trois à trois. Calice supère, double, à huit divisions, l'extérieur plus court. Ovaire infère. Deux styles épais, opposés, écartés et recourbés; surface supérieure parsemée de papilles et comme frangée. Un drupe ovale ou sphérique, renfermant une noix lisse ou sillonnée à deux valves. Amande irrégulièrement sinuée, partagée à sa base en quatre lobes séparés par des cloisons membraneuses, dont deux se prolongent, l'une à droite et l'autre à gauche, dans toute sa longueur. (DESFONTAINES.)

Le *genre* noyer se compose de huit à dix espèces. Il appartient à la famille des térébinthes, comprise dans la quatorzième classe des végétaux, selon la méthode naturelle de Jussieu.

Nous ne traiterons que du noyer commun, mais nous allons citer en passant les autres espèces les plus remarquables du genre.

Le noyer noir. *Juglans nigra* (LINNÉ). Originaire de la Pensylvanie, dont les habitans font une sorte de pain avec le fruit, et tirent de l'écorce et du brou de la noix une couleur brune qui sert à teindre les laines.

Le noyer cendré. *Juglans cinerea* (LINNÉ). Que l'on trouve à la Louisiane, et dont l'amande du fruit produit une huile excellente.

Le noyer blanc ou ikori. *Juglans alba* (LINNÉ). Également originaire de l'Amérique-Septentrionale, où son bois est très-recherché pour un grand nombre d'usages.

Et le pacanier. *Juglans pacan* (LINNÉ). Et *Juglans olivæformis* (DESFONTAINES). Ce noyer est originaire de l'Amérique-Septentrionale, où son fruit, de la forme d'une olive, donne de très-bonne huile, et son bois richement nuancé sert à faire des meubles.

NOYER CULTIVÉ.

JUGLANS REGIA. (Linné.)

─── ◆ ───

𝕮𝖆𝖗𝖆𝖈𝖙𝖾̀𝖗𝖊𝖘 𝖘𝖕𝖊́𝖈𝖎𝖋𝖎𝖖𝖚𝖊𝖘.

Fruits globuleux, ovoïdes.

Feuilles composées de plusieurs folioles inégales, terminées par une impair, ovales, glabres et légèrement dentelées.

Floraison. Elle se fait au moment de la naissance des feuilles.

Fructification. Le fruit est à sa maturité en septembre et octobre.

Le noyer commun, dit *cultivé*, sans former une essence forestière, se trouve quelquefois sur le sol ou la lisière des forêts dont il fait partie comme arbre fruitier. Il est d'ailleurs, par les qualités de son bois, rangé parmi les arbres les plus importans dans l'économie forestière. Mais où le noyer est abondamment répandu c'est dans les champs et sur le bord des routes, où on le cultive en grand pour tous ses produits.

Le noyer commun est classé parmi les plus

grands arbres. Dans les terreins où il se plaît, il acquiert de très-grandes dimensions, et son port est magnifique, son tronc qui se divise souvent en plusieurs corps parvient à une grosseur considérable, et il donne naissance à un branchage d'une grande envergure. Son feuillage composé et d'un beau vert n'est pas moins digne d'admiration ; il est élégant dans sa forme, très-garni, et produit de superbes ombrages. On connaît l'odeur balsamique, assez semblable à celle du laurier, que produisent les feuilles et les jeunes pousses lorsqu'on les froisse entre les doigts. Ces émanations balsamiques, fort agréables à l'odorat pour le moment, donneraient des vertiges, si on les respirait long-temps, et comme elles s'exhalent assez abondamment d'elles-mêmes il y aurait quelque danger de se reposer long-temps sous l'ombrage des noyers.

Le noyer était fort connu chez les anciens, qui le traitaient comme un arbre précieux. Pline dit, au livre XV : « que plusieurs rois (c'est avant l'époque de l'ère chrétienne) ont transporté cet arbre de Perse en Europe, et que les meilleures espèces (ce qui s'entend des variétés du noyer commun) portaient les noms de persique et de royale, qui furent les premiers qu'elles aient eus, et ce dernier a été maintenu dans la nomenclature latine. Pline rapporte que chez les anciens peuples, lors des cérémonies usitées pour les cé-

ébrations de mariage, on répandait des fruits de
noyer dans la maison au bruit des instrumens et
les marques d'allégresse. Il pense qu'originaire-
ment le motif de cette action était de mettre sous
es yeux des nouveaux époux, au moment de leur
union, des emblèmes multipliés de soins mater-
nels et de conservation que l'on trouvait dans la
structure du fruit du noyer revêtu d'une triple
enveloppe.

Le traducteur de Pline a cru trouver à cet
usage une autre origine puisée dans le nom de
glaens, par lequel on désignait le noyer ou son
fruit, et lequel nom signifiait jeu. Il pense que
par-là on voulait indiquer qu'un homme en se
mariant renonçait à tout amusement frivole, et
qu'en devenant plus grave par ce nouvel état il
se dévouait entièrement aux soins de son ménage
et de sa famille.

VIE ET VÉGÉTATION.

Lorsque le noyer croît en plein air il prend
ses dimensions plus en largeur qu'en hauteur ;
elles peuvent être plus ou moins grandes, cela
dépend de la qualité du terrein ; s'il croît en
futaie, il s'élève autant que les plus grands arbres, mais il ne montre pas cette végétation énergique qu'on lui voit lorsqu'il croît dans les plaines,
et dans cette situation il donne fort peu de fruit.

Le noyer en général aime peu le voisinage des autres arbres. Il a une végétation forte et vigoureuse, et il n'en déploie toutes les richesses que lorsqu'il est placé isolément. En revanche son voisinage n'est pas favorable aux terres en culture auprès desquelles il est placé ; il les frappe de stérilité dans un grand rayon, par ses racines abondantes qui épuisent le sol , et les grands ombrages qu'il donne. Mais le produit annuel d'un noyer équivaut au moins au dommage qu'il cause.

Climat.

Le noyer, quoiqu'originaire d'Asie , est depuis long-temps regardé comme indigène à la France. On le trouve dans tous les climats tempérés de l'Europe. On est étonné cependant de voir que cet arbre , qu'on cultive depuis tant de siècles chez nous , ne soit pas encore parfaitement acclimaté , car il est sensible aux gelées , qui lui font beaucoup de tort dans les hivers rigoureux. Il est préférable de planter le noyer sur des terreins élevés où il sera moins exposé à cette intempérie que dans les fonds toujours gelifs.

Accroissement.

Quand le noyer croît isolément il ne s'élève guère à plus de soixante pieds de hauteur, mais

ses branches, qui s'étendent souvent dans une direction presque horizontale, ont quelquefois plus
de 80 pieds d'envergure, et la tige peut acquérir
une grosseur considérable. M. de Perthuis dit
avoir vu un noyer dont le tronc avait 18 pieds de
circonférence. Il était creux, à la vérité; cependant on rencontre assez fréquemment des noyers
ayant moitié de cette grosseur et dont le bois est
très-sain. Ceux qui croissent dans les futaies parviennent à 80 ou 90 pieds de hauteur, mais leur
tige, beaucoup plus élevée et sans branches, n'acquiert jamais le même diamètre que celle des
noyers qu'on cultive dans les plaines.

Durée.

A en juger par les grandes dimensions qu'il
prend et la dureté de son bois, le noyer doit avoir
une grande longévité. Nous avons vu des arbres
de cette essence pleins de vigueur, encore qu'on
nous ait dit être âgés de près d'un siècle. Sans doute
ils étaient arrivés au terme de leur accroissement,
mais ils paraissaient susceptibles de vivre encore
bien des années; et puis la longévité du noyer est
vraisemblablement subordonnée comme celle des
autres arbres à la nature du sol et au climat.

CULTURE.

La souche du noyer donnera des rejetons si l'arbre est abattu à blanc. Mais comme on n'en fait point de taillis, ce moyen de reproduction n'est pas mis en usage ; d'ailleurs il ne ferait pas atteindre le but que l'on a dans la culture de cet arbre. On ne propage ordinairement le noyer que par ses semences.

Terrein.

Le noyer croît et fructifie dans presque tous les terreins, mais les développemens de sa végétation et la rapidité de son accroissement sont subordonnés à leurs diverses qualités. Il s'accommode des plus mauvais sols, mais il préfère les terres substantielles ayant du fond, dans lesquelles il acquiert les grandes dimensions que lui a données la nature. Dans les terreins crayeux, cailloutoux et sablonneux, sa végétation n'y paraît pas souffrante, seulement il y prend moins d'accroissement ; nonobstant il tire mieux parti qu'aucun arbre de ces sortes de terres, dans lesquelles ses racines pénètrent assez profondément.

Semis.

Il est résulté de la culture du noyer plusieurs variétés de cet arbre, qui se distinguent par la qualité des fruits. Dans les unes les noix sont petites, et dans les autres les coquilles sont dures et épaisses. Comme c'est principalement pour son fruit qu'on cultive le noyer, on a soin, autant que possible, de ne point multiplier les variétés qui ne sont point d'un assez bon rapport. On ne doit perpétuer que celles dont les noix plus grosses ont la coque tendre et mince. Ces fruits sont de meilleure qualité et généralement plus recherchés ; en outre ils donnent une bien plus grande quantité d'huile que les noix à coques épaisses.

Ce sont donc les noix de cette dernière variété que l'on doit prendre pour les semis. Mais, malgré cette précaution, les autres variétés pourront se reproduire encore, et on ne peut maintenir avec certitude la bonne espèce que par le moyen de la greffe.

Il faut que les noix soient fraîches pour être propres aux semis, car en se desséchant les sucs oléagineux dont l'amande est imprégnée, altèrent les propriétés germinatives. Ainsi il conviendrait de planter les noix en automne aussitôt qu'on en fait la récolte. Mais les gelées et les animaux pourraient pendant le cours de l'hiver détruire cette

semence. On est obligé alors, pour éviter ces in-
convéniens, de ne planter les noix qu'au printemps. Pour maintenir jusque-là leur fraîcheur et
empêcher la fermentation de leur substance oléagineuse, il faut les stratifier avec du sable un peu
frais. Leur germination s'opère, il est vrai, mais
cela n'a pas d'inconvénient.

Au mois de mars, on plante les noix, ainsi ger-
mées, dans une terre végétale préparée comme
pour tous les semis. On se sert d'un plantoir, et on
les place en terre à trois ou quatre pouces de profondeur. Ces semences ne tardent pas à lever, et
donnent naissance à des plants pourvus de bonnes
racines. Cependant, comme cela arrive à la plupart des plants, ceux-ci produisent une racine pivotante qui nuit à leur reprise lors de leur transplantation. Il est nécessaire d'empêcher cette racine de se former, et on y parvient en retranchant,
avant de planter la noix, la radicule, c'est-à-dire
la partie du germe qui produit ce pivot. Au moyen
de cette opération, le plant ne jette plus que des
racines latérales qui rendent sa reprise certaine.

On fait quelquefois des semis de noyer en place.
Dans ce cas, le plant restant à demeure, il n'est
pas nécessaire de supprimer sa racine pivotante;
au contraire elle lui donne une plus grande vigueur et elle favorise son accroissement.

Quelques agronomes conseillent de planter les
noix avec leur brou au moment de leur maturité.

Ce moyen ne peut qu'être bon à employer, parce que l'amertume de cette enveloppe éloigne les taupes et les mulots qui sont très-avides du fruit qu'elle renferme.

Plantations.

Les plants à leur troisième année sont propres à être transplantés dans les pépinières pour en faire des noyers - tige. Quatre ou cinq ans après, on greffe sur ces jeunes arbres des noyers étrangers, et principalement les variétés de l'espèce ordinaire que l'on désire propager. Deux années après la greffe, on peut arracher ces jeunes noyers pour les planter à demeure.

M. de Perthuis conseille, lorsqu'on veut planter un champ de noyers, de les espacer au moins à 35 pieds sur tous sens, parce que cette distance sera nécessaire au développement de leurs branches qui se toucheront lorsqu'ils auront terminé leur croissance. De cette manière on fera tenir 3o à 4o noyers sur un arpent ; il ne conviendrait pas d'en mettre davantage si on ne veut pas que ces arbres puissent se gêner les uns les autres dans un âge plus avancé : cela aurait l'inconvénient, en les privant d'air alors, de nuire à leur fructification. Comme les branches des noyers ne couvriront entièrement le terrain que 20 ou 25 ans après leur plantation, on pourra jusque-là cultiver ce champ en grains ou en faire une prairie artificielle.

Si on plante les noyers en avenues, il ne sera pas nécessaire de les placer à 35 pieds les uns des autres, la moitié de cette distance pourra suffire, parce qu'ils ont de l'air des deux côtés.

Le noyer exigeant beaucoup de culture, il faut donner un bon défoncement à la terre. Pour cela il suffit de faire pour chaque arbre un trou de 5 pieds carrés sur 3 de profondeur. On remplit ensuite le trou à moitié et on y plante l'arbre de manière à ce qu'il ait à peu près une épaisseur de terre d'un pied sur les racines ; ensuite on doit labourer la superficie du trou au printemps et à l'automne, pendant trois ans.

Soit qu'on plante des noyers greffés ou non greffés, il ne faut point couper leur sommet.

EXPLOITATION ET PRODUIT.

La culture du noyer offre aux propriétaires les plus grands avantages, parce qu'indépendamment qu'il est annuellement d'un très-bon rapport par ses fruits, son bois se vend infiniment plus cher que celui des autres arbres.

On a reconnu qu'un noyer de 4o à 5o ans, planté dans une bonne terre à la vérité, pouvait donner environ six sacs de noix, le sac se vendant de 6 à 7 fr. ordinairement; chaque arbre, à partir de cette époque, serait susceptible de rapporter 40 fr. par année, et un champ de noyers d'un arpent environ 1,200 fr.

Il faut ajouter à cela que les noyers qui commenceront à entrer en rapport à 20 ans auront jusqu'à 40 ans donné diverses récoltes annuelles, bien moins considérables il est vrai, mais qui auront toujours produit un revenu satisfaisant.

Il faut sans doute qu'il soit donné une bien grande valeur au bois de noyer, pour déterminer un propriétaire à détruire des arbres d'un aussi bon rapport. Aussi ne se décide-t-on le plus ordinairement à arracher les noyers que lorsque la diminution sensible de leurs fruits indique leur prochain dépérissement.

Comme on obtient un très-haut prix du bois de noyer, cette considération engage quelquefois, si on a besoin de réaliser des fonds, d'arracher des noyers encore en plein rapport, et puis dans cet état le bois est toujours plus parfaitement sain que lorsqu'ils commencent à dépérir. Mais une semblable opération ne serait pas dans les intérêts bien entendus d'un propriétaire, parce que tant que les noyers sont en bon rapport ils représentent constamment un fonds dont la valeur reste toujours sur le sol. Il vaudrait mieux peut-être emprunter de l'argent que de détruire ce fonds. Il nous semble que ce ne serait que dans le cas où on aurait fait des plantations qui commenceraient

à entrer en rapport, que l'on pourrait sans dé-
savantage détruire des vieux noyers ; encore faudrait-il, en bonne économie, que les jeunes noyers
destinés à les remplacer fussent en quantité suffisante pour offrir dans le même instant un revenu égal à celui que donnaient les vieux arbres au
moment de leur arrachage.

La valeur du bois de noyer a toujours un cours
très-élevé dans le commerce. Le haut prix qu'on
lui donne résulte à la fois de ses précieuses propriétés et de sa rareté ; car on n'en fait point de
coupes réglées ; et comme nous venons de le voir,
on a plus d'intérêt encore à le laisser sur pied.
Cette valeur dépend cependant de l'état de l'arbre ; elle perd beaucoup s'il est creusé ou chancreux , mais elle est fort grande quand l'arbre est
sain dans toutes ses parties. On vend quelquefois
des noyers sur pied un prix dix fois plus élevé
que celui qu'on donne à d'autres arbres de même
taille.

Lorsqu'on abat des noyers , on les arrache en
coupant les racines à ras de tronc, et la souche
n'en est pas séparée. On se garde bien de les
abattre à blanc avec la cognée , parce que les
larges entailles qu'il faudrait faire endommage-
raient le bois à l'endroit où il est le plus richement veiné et le plus précieux.

UTILITÉ ET USAGE.

Le bois de noyer est compacte et pesant, sa fibre ligneuse est coriace, et il est très-liant. Il est classé parmi nos bois forestiers les plus durs ; il produirait un des meilleurs chauffages, si son abondance et les nombreux usages auxquels il est propre dans les travaux d'art, pouvaient permettre de l'employer comme combustible.

Usage dans les travaux d'art.

Duhamel considère le noyer comme un des meilleurs bois de l'Europe pour faire toutes sortes de meubles. En effet, son grain est fin, il est veiné avec assez d'éclat et très-facile à travailler. Il prend en outre un beau ton de couleur et se polit parfaitement. Mais il a perdu beaucoup de faveur depuis l'introduction de l'acajou. Autrefois il décorait les appartemens de l'opulence, et il était le plus beau bois que l'on eût pour faire des meubles ; aujourd'hui, sans être moins employé dans cet usage, le noyer n'occupe qu'un rang secondaire dans nos brillans mobiliers.

On a depuis ce temps fait usage du bois de noyer dans une foule d'ouvrages moins délicats, mais qui se rattachent à un autre genre de luxe. On l'emploie dans la menuiserie pour faire des paneaux et cadres de glaces, quelques pièces de lambris, des armoires à demeure, des bibliothèques, des comptoirs et des escaliers à vis que l'on établit dans l'intérieur des appartemens. Les carrossiers l'emploient presque généralement pour construire la caisse des voitures et quelques parties du train des carrosses.

Le bois de noyer est recherché aussi par les sculpteurs, les armuriers, les luthiers, les relieurs, les tabletiers et les tourneurs. On en fait encore une multitude de petits ouvrages, de boisselerie, de vasselerie, de marqueterie, etc.

Débit en sciage.

Le noyer contient beaucoup de parties aqueuses; par leur fermentation elles corrompraient le nerf du bois si on ne le fendait pas en sciage peu de temps après qu'il a été abattu. Par cette opération, les sucs séveux s'évaporent et le bois conserve ses qualités. On débite le noyer d'abord en planches, entrevous, tables et membrures. C'est le plus souvent dans cet état que l'on vend ce bois dans le commerce. On le débite ensuite en échantillons de plus petites dimensions selon l'emploi qu'on veut en faire.

Suivant M. Roux, le bois de noyer pourra se conserver long-temps et être garanti des insectes, si on le fait flotter après qu'il a été débité en gros

échantillons, parce que l'eau dissoudra les sels et
les mucosités qui se coagulent dans les pores du
bois, et sont un obstacle à sa parfaite dessiccation,
de même qu'ils engendrent des insectes. En outre,
cette immersion donnera au bois de noyer un nouveau coloris qui augmentera sa valeur.

Après que le bois de noyer a été débité comme
il vient d'être dit, soit qu'il ait été ou non flotté,
il faut empiler les échantillons d'une même espèce, à 18 pouces à peu près les uns des autres
en les faisant porter lit par lit sur des lattes. De
cette manière le bois ne pourra pas se gauchir,
et il séchera facilement au moyen de l'air qui cir-
culera de tout côté.

Bois de charpente.

Le bois de noyer étant élastique et nerveux,
serait susceptible de fournir de bonnes charpentes, s'il était moins rare. Vraisemblablement il
serait, avec ces qualités, d'un aussi bon usage
que le chêne dans les constructions civiles et navales, car il est d'une longue durée et se conserve très-bien dans l'eau.

Des noix.

Le principal usage que l'on fait des noix sèches
est d'en retirer l'huile. Voici de quelle manière

on l'obtient. Il faut que les noix aient été gardées dans un lieu sec et à couvert; on ôte les coquilles et les cloisons qui séparent les amandes; on les broie ensuite au moyen d'une meule disposée pour cela, et on renferme la pâte qui en résulte dans des sacs de toile forte, que l'on met sous la presse pour en retirer l'huile. Celle qu'on obtient par ce moyen est de première qualité. On l'appelle *huile tirée sans feu*. On ôte ensuite la pâte qui est restée dans les sacs pour la mettre en décoction dans de grandes chaudières. Après cette opération on renferme cette pâte de nouveau dans les sacs, et l'on en retire, par expression, une huile de qualité inférieure.

L'huile de noix tirée sans feu est bonne à manger; on s'en sert en place d'huile d'olives ou de beurre pour faire les fritures. La seconde qualité n'est bonne que comme huile à brûler ou pour faire du savon; on l'emploie aussi dans la peinture et dans la composition du vernis.

Le brou de noix.

Le brou de noix étant infusé donne une teinture brune très-solide, que l'on communique à plusieurs sortes de bois. On prétend que si on éponge les bestiaux avec l'eau dans laquelle le brou de noix a trempé, qu'ils seront préservés des atteintes des mouches pendant la journée. Ce

brou étant confit produit une liqueur stomachi-
que et pectorale.

Propriétés en médecine.

Selon Matthiole, les noix provoquent le vomissement, et étant mangées avec de la rue et des
figues sèches elles servent de contre-poison. Mangées seules en grande quantité elles chassent les
vers, et étant pilées et appliquées avec de l'o-
gnon, du sel et du miel, elles sont bonnes pour
la guérison des morsures de chiens. Il ajoute que
les noix étant brûlées avec leurs coquilles apai-
sent les tranchées, étant appliquées sur le nom-
bril, et que les noix vieilles également appliquées
guérissent les charbons, chancres et fistules.

POMMIER SAUVAGEON.

MALUS COMMUNIS SILVESTRIS. (Linné.)

DESCRIPTION.

Caractères génériques.

Calice persistant, à cinq divisions, cinq pétales. Étamines nombreuses. Cinq styles. Une pomme avec deux enfoncemens ou ombilics, renfermant une capsule cartilagineuse à cinq loges; pepins cartilagineux. (Desfontaines.)

Caractères spécifiques.

Fleurs en ombelles. Style glabre, onglets du calice courts.
Feuilles ovales, oblongues, acuminées, glabres et dentelées en scie.

Floraison. Au mois de mai.

Fructification. En octobre.

Les pommiers appartiennent à la famille des *rosacées* et à la quatorzième classe de la méthode naturelle de Jussieu.

Le *genre* pommier se compose d'un grand nombre d'espèces ou variétés fort connues dans l'économie domestique. Leur culture a été l'objet de plusieurs traités très-étendus. Nous ne parlerons que du pommier sauvageon qui se trouve dans les forêts.

Cet arbre, originaire de France, n'est pas d'une grande importance dans l'économie forestière. Il croît spontanément dans les bois, et jamais en quantité dominante. Il ne figure presque pas dans les produits, parce que, indépendamment de sa rareté, les ordonnances et réglemens en défendent l'abattage, ainsi que celui des autres arbres forestiers fruitiers, tels que poirier, merisier, cormier et alizier, qu'on n'abat que lorsqu'ils sont dépérissans. Le but de l'ordonnance, en prescrivant cette défense, était de conserver des fruits pour attirer et nourrir le gibier.

Le pommier sauvageon ne parvient pas à une grande hauteur; ses branches s'étalent beaucoup et sa tige peut acquérir une certaine grosseur. Cet arbre n'a rien de remarquable par sa forme; mais il fixe agréablement l'attention au moment de sa floraison. Ses fleurs, qui paraissent avant les feuilles, sont très-nombreuses, et disposées en bouquets charmans sur tous les rameaux. Leurs pétales rosacées sont blanches en dedans et colorées d'un rose tendre à l'extérieur; à la grâce qu'ont ces fleurs, étant à demi-épanouies, se joint

le charme d'une odeur douce et suave qui em-
baume tous les alentours.

VIE ET VÉGÉTATION.

La végétation du sauvageon est assez vigoureuse dans sa jeunesse. On voit souvent des bourgeons sur racine ou sur souche acquérir trois
pieds de longueur dans une sève ; mais cette vigueur ne se montre que dans les premières années,
car l'accroissement du pommier est très-lent ensuite.

Accroissement.

Le pommier sauvageon ne s'élève guère au-
delà de 3o pieds, et sa tige peut acquérir 4 à 5
pieds de circonférence. On prétend qu'il est l'es-
pèce-mère de la plupart des pommiers dont la
culture a si merveilleusement amélioré les fruits,
lesquels ne seraient que des variétés du pommier
commun sauvageon. D'autres agronomes n'ad-
mettent pas cette opinion. Toujours est-il certain que c'est sur le sauvageon que l'on greffe les
diverses espèces de pommiers que l'on cultive.

CULTURE.

Tout ce que la culture du pommier a d'important se rattache aux espèces que l'on propage

pour leurs fruits. Elle consiste dans la manière de faire les semis, mais surtout dans l'opération de la greffe.

Les anciens ont connu ce moyen d'améliorer les fruits du pommier. Lorsqu'on en fit la découverte, il fut trouvé si merveilleux, que les plus grands personnages tiraient quelque gloire à le mettre en pratique eux-mêmes. Pline nous apprend que Appius, qui était de la famille Claudia, est le premier qui ait enté l'un sur l'autre le pommier et le coignassier, et que les fruits que cette greffe produisit furent nommés *pommes appiennes*. Il ajoute que l'on dut l'origine de plusieurs autres espèces de pommes à Matius, favori de César, à Manlius et à beaucoup de Romains célèbres, qui s'honoraient des travaux de l'agriculture autant que leur exemple l'illustrait elle-même.

Selon ce grand naturaliste, les nouvelles espèces de pommes qu'avaient produites alors les procédés de la greffe, portaient le nom des personnages qui les avaient découvertes, ou celui des pays où, pour la première fois, on les avait propagées. C'est ainsi qu'on nommait les pommes *matianos*, du nom de Matius; *septiennes*, du nom de l'affranchi Septius; *appiennes*, du nom d'Appius; *grecules*, *épirotiques*, de l'Épire, etc., etc. En admirant le goût dominant qu'avaient alors les Romains pour la greffe des arbres, Pline ajoute : « Il n'y a si petite

» invention qui ne puisse procurer de la gloire à
» son auteur.... Ces nouvelles espèces de pommes
» n'ont pas moins immortalisé la mémoire de leurs
» inventeurs qu'auraient pu le faire quelques fa-
» meux exploits. »

Les fruits du pommier sauvageon, en se pourrissant sur la terre, y déposent leurs pepins, qui
lèvent d'eux-mêmes dans les bois, où on trouve
toujours une assez grande quantité de plants aux
environs de ces pommiers. On enlève ces jeunes
sauvageons, que l'on transplante dans les pépinières pour former des sujets pour la greffe.

Si on veut faire des semis, on prend le marc des
pommes sauvages, dont on a tiré le suc pour faire
du cidre; on l'étend de l'épaisseur d'un doigt sur
une planche de terre bien labourée, et on le recouvre d'un pouce de terre. Il lèvera bientôt une
forêt de plants, qui, à l'âge de trois ans, sera
propre à être transplantée dans les pépinières,
pour fournir aussi des sujets pour la greffe; car
c'est le seul but que l'on puisse avoir dans la culture du pommier sauvageon.

Le sauvageon, comme tous les pommiers, aime
un sol profond et substantiel; il ne prospère que
dans les meilleures terres.

EXPLOITATION ET PRODUIT.

Comme on n'exploite les pommiers sauvageons que seul à seul, et lorsqu'ils sont dépérissans, on ne peut estimer leur produit comme les coupes qui se font en superficie. On a peu de bases pour apprécier leur valeur, car on n'en fait presque jamais la vente séparément. Ils se trouvent toujours compris dans celle des bois, parmi lesquels ils sont placés, et en trop petite quantité, pour influer sur le prix. Cependant un pommier sauvageon, s'il est bien sain, vaudra bien davantage qu'un chêne de même dimension.

UTILITÉ ET USAGE.

Le bois de pommier sauvageon est pesant, dur et plein ; son grain est serré et fin. On n'en fait presque jamais usage comme combustible quand il est bien sain, car il est recherché pour un grand nombre d'ouvrages, et il produit beaucoup, étant vendu comme bois de service. On le débite pour cela dans divers échantillons.

On l'emploie dans la mécanique, où il est très-estimé, pour faire les dents de roues d'engrenage, des fuseaux, chevilles et babillards de moulins. Il est recherché par les luthiers qui en font des touches de clavecins, les graveurs sur bois, les menuisiers, les ébénistes, les tourneurs et les charpentiers pour moulins.

Les pommes sauvages sont beaucoup moins grosses encore que les pommes d'api. Elles sont juteuses et d'un goût âpre; mais elles produisent du cidre très-doux. La fructification du sauvageon manque rarement, et elle est toujours très-abondante.

POIRIER SAUVAGE.

PYRUS PYRASTER.

DESCRIPTION.

Caractères génériques.

Calice persistant, à cinq divisions. Cinq pétales. Étamines nom-breuses. Cinq styles. Un fruit oblong, prolongé vers le pédicule, n'ayant qu'un ombilic. (Desfontaines.)

Caractères spécifiques.

Feuilles plus petites, ovales, acuminées, dentelées en scie.

Floraison. Elle se fait à la fin du mois de mai.

Fructification. Les fruits sont à leur maturité en septembre.

Le poirier sauvage appartient aussi à la famille des rosacées. Il croît spontanément dans les forêts, où il ne se trouve pas en quantité plus dominante que le pommier, et il n'a pas non plus une plus grande importance forestière.

Il s'élève un peu plus que le pommier, et sa tige est susceptible d'acquérir deux pieds de diamètre; son port n'a rien de remarquable. Ses fleurs blanches et disposées en bouquets ne sont pas sans agrément; mais elles n'ont pas le même charme que celles du pommier sauvageon.

Tout ce qui vient d'être dit sur la végétation et l'accroissement du pommier sauvageon est applicable au poirier sauvage. Sa culture et ses produits sont également les mêmes.

Quant à son utilité, le bois de poirier a les propriétés du pommier dans un degré supérieur. On le débite de la même manière et il est recherché pour les mêmes usages.

Les poires sauvages sont très-acerbes; on en fait une boisson que l'on nomme *poiré*. Cette liqueur est plus spiritueuse que le cidre; on la préfère quelquefois au vin.

MERISIER.

PRUNUS AVIUM. (Linné.)

DESCRIPTION.

Caractères génériques.

Calice à cinq divisions profondes. Cinq pétales. Étamines nombreuses. Un style. Un drupe renfermant un noyau lisse.

(Desfontaines.)

Caractères spécifiques.

Fleurs disposées en ombelle.
Fruits. Petits noyaux arrondis.
Feuilles ovales, lancéolées, pubescentes en-dessous.

Floraison. Elle se fait au mois de mai.

Fructification. Le fruit est à sa maturité en
juillet.

Le *genre* dont le merisier fait partie, comprend
les cerisiers, les pruniers et les abricotiers. Il
appartient à la famille des rosacées et à la quator-

zième classe des végétaux, selon la méthode naturelle.

Le merisier, appelé aussi *cerisier sauvage*, fait partie de nos forêts, dans lesquelles il est quelquefois une essence dominante. La qualité de son bois le classe parmi les arbres forestiers les plus utiles.

Le cerisier sauvage est un arbre de grandeur ordinaire, dont le tronc devient quelquefois très-gros. Sa tige tend à s'élever et ne forme pas un beau branchage; ses feuilles, d'un vert sombre, ont quelque ressemblance avec celles du châtaignier. Il produit des petits fruits rouges et noirs d'un goût agréable, que l'on appelle *merises*.

VIE ET VÉGÉTATION.

Le merisier a une végétation forte dans sa jeunesse, souvent ses bourgeons sur souche acquièrent quatre pieds de longueur dans l'année. Cette vigueur se ralentit peu, et son accroissement est assez rapide. La hauteur à laquelle il peut parvenir est 60 ou 70 pieds, et sa tige peut prendre 5 à 6 pieds de circonférence; sa durée est de 80 ans environ.

CULTURE.

Le merisier se multiplie par le recru de sa souche, les drageons que produisent ses racines, et par les noyaux de son fruit.

Il n'est pas difficile sur la qualité du sol, il vient à peu près partout, mais il préfère les terres substantielles et qui ont du fond, parce que ses racines pivotent beaucoup. Son accroissement est plus lent dans les terreins cailouteux.

Il lève peu de plants de merisier dans les forêts, parce que le fruit est emporté par les oiseaux; il est nécessaire de faire des semis pour en avoir pour les plantations forestières. On sème les noyaux en automne, sur un terrein bien labouré, et on les couvre de deux pouces de terre. Quelques cultivateurs les sèment avec la pulpe, c'est-à-dire, les merises toutes entières; il en résulte des plants plus forts et plus vigoureux.

A l'âge de 3 ans, ces plants peuvent servir aux plantations forestières ou à celles que l'on fait dans les pépinières pour élever des merisiers-tige. Lorsque ces jeunes arbres sont arrivés à la quatrième année de leur plantation, on y greffe les diverses espèces de cerisiers. On plante quelquefois des merisiers-tige sans être greffés, mais cela arrive assez rarement, car le plus ordinairement on n'élève les merisiers dans les pépinières que pour avoir le moyen de propager par la greffe les bonnes espèces de cerises.

EXPLOITATION ET PRODUIT.

Le merisier mérite d'être propagé dans les forêts, car on peut l'aménager depuis 15 jusqu'à 70 ans. De 15 à 30 ans il produira du cerceau, de l'échalas ; jusqu'à 40 ans, du bois de corde de bonne qualité, et plus tard des grands bois de service.

Lorsque le merisier se trouve en assez grande abondance parmi d'autres bois, il n'en diminue pas la valeur ; il y ajoute au contraire. Le prix d'une coupe de merisier est susceptible d'égaler celui des meilleures essences forestières.

UTILITÉ ET USAGE.

Le bois de merisier est nerveux, dur et pesant ; son grain est uni, serré et fin. Il a une couleur rousse, approchant de celle de l'acajou. Il produirait un bon chauffage, mais on en fait peu d'usage comme combustible, attendu sa rareté et ses propriétés pour un nombre infini d'ouvrages.

Le merisier est facile à travailler, et prend un très-beau poli. On l'emploie dans l'ébénisterie, la menuiserie et l'art du tourneur. On en fait des secrétaires, des commodes, des bois de lits, des consoles, des tables, des chaises et plusieurs autres meubles de nécessité et de luxe.

On débite le merisier en planches, entrevous, membrures et tables, peu de temps après son abattage, parce qu'il est sujet à s'échauffer. M. Roux conseille pour lui donner la propriété de se conserver long-temps, de le flotter comme le bois de noyer. Cette immersion en détournera pareillement les insectes.

C'est avec la merise noire distillée à l'alambic, que l'on fait le kirschwaser et une autre liqueur connue sous le nom de ratafia de Grenoble.

CORMIER ou SORBIER DOMESTIQUE.

SORBUS DOMESTICA. (Linné.)

DESCRIPTION.

Caractères génériques.

Calice persistant, à cinq divisions. Cinq pétales. Trois styles. Baie à trois loges. Pepins cartilagineux. Feuilles pennées.

(Desfontaines.)

Caractères spécifiques.

Fruits oblongs, allongés vers le pédoncule.
Feuilles pennées, velues et glabres en-dessous.

Floraison. Elle se fait à la fin de mai.

Fructification. Les fruits sont à leur maturité en octobre.

Le *genre* dont le cormier fait partie se compose de trois espèces et de plusieurs variétés. Il appartient à la famille des rosacées et à la quatorzième classe des végétaux.

Le cormier, originaire de France, fait ordinairement partie des forêts, mais il n'y croît pas en grande abondance. Il est classé parmi les arbres forestiers fruitiers. Il a peu d'importance dans l'économie forestière, parce qu'il ne forme point une essence dominante, et que la nécessité de le conserver comme arbre fruitier, l'empêche en quelque petite quantité qu'il soit, de figurer dans les produits ordinaires. Cependant son bois est d'un grand prix quand il est sain. Le cormier ajouterait beaucoup à la valeur d'une coupe dans laquelle il se trouverait en certain nombre s'il ne devait pas être réservé.

VIE ET VÉGÉTATION.

Au terme de son accroissement, dans le sol qui lui plaît, le cormier parvient à 60 pieds de hauteur, et sa tige peut acquérir 5 à 6 pieds de circonférence. Il soutient bien ses branches, et son port est assez agréable. On remarque surtout son feuillage penné, dont le détail est gracieux. Sa floraison n'attire pas moins l'attention. Au printemps chaque rameau présente une multitude de fleurs disposées en corymbes, dont l'éclat de la blancheur est relevé par le ton de verdure du feuillage ; à ces fleurs succèdent autant de petits fruits en forme de poires, qui ont à leur maturité une saveur agréable.

L'accroissement du cormier est lent., et il paraît susceptible de vivre long-temps.

CULTURE.

Le cormier se reproduit principalement par ses graines, qui se sèment d'elles-mêmes dans les forêts, où elles produisent une assez grande quantité de plants aux environs des vieux cormiers. On élève ce plant en pépinière jusqu'à 5 et 6 ans, pour y greffer des sorbiers ou les meilleures variétés du cormier.

Cet arbre mérite d'être multiplié, parce qu'on fait avec son fruit une boisson aussi estimée que le cidre. Il est propre à être planté en avenues; souvent on le cultive dans les champs pour son fruit.

Le cormier aime les terres substantielles qui ont beaucoup de fond; il craint les rayons brûlans du soleil. On doit le planter à une exposition où il puisse autant que possible en être garanti.

EXPLOITATION ET PRODUIT.

Malgré la lenteur de son accroissement, le cormier formerait une essence d'un fort bon produit si on la rendait dominante dans les forêts, parce que son bois se vend beaucoup plus que tous les autres; on ferait bien peut-être de le propager davantage dans les forêts et de le mettre en état d'être exploité en coupe réglée.

On pourrait alors lui donner un prix spécial, et en tirer de grands revenus, mais dans l'état de rareté où il se trouve, son produit est perdu parce que, lorsqu'on l'exploite il est dépérissant et gâté, ou bien lors même qu'il a toutes ses qualités, sa valeur qui est toujours supérieure, est réduite à celle des bois qui composent la vente dont il fait partie.

UTILITÉ ET USAGE.

Le bois de cormier est le plus dur et le plus pesant de tous les arbres forestiers. Il est compacte, et son grain est très-fin. Sa couleur est rougeâtre, et il reçoit bien le poli ; il existe peu de bois qui aient une solidité plus durable.

Toutes ces qualités du bois de cormier le font rechercher pour un grand nombre de travaux, et notamment pour divers ouvrages d'importance. On l'emploie de préférence à tout autre dans la mécanique pour faire des vis, écrous et jumelles de pressoir, des dents de roues d'engrenage, des chevilles, fuseaux et babillards de moulins. On en fait des poupées de tour, des meubles, des tables, des assiettes et divers affûtages d'outils, tels que varlopes, rabots et colombes pour les tonneliers.

On débite le cormier en planches, tables, membrures, et enfin dans les divers échantillons propres à l'emploi que l'on veut faire de ce bois. Quelques auteurs prétendent que si on met des planches de cormier dans le blé, elles empêchent les insectes de s'attacher à ce grain.

On récolte les fruits du cormier aussitôt qu'ils commencent à se détacher, et on en fait une boisson en les mettant infuser dans l'eau après les avoir un peu écrasés. Si l'on a une grande quantité de cormes, on en fait du cidre sans eau, d'une aussi bonne qualité que celui de pommes. Les cormes sont bonnes à manger, mais il faut qu'elles aient mûri sur la paille comme les nèfles, autrement elles ont un goût acerbe qu'on ne peut pas supporter.

Les cormes sont astringentes et styptiques. Avant leur maturité, elles sont propres à arrêter les hémorragies; réduites en poudre, elles sont bonnes étant employées extérieurement pour refermer les plaies [1].

---

[1] *Dictionnaire pharmaceutique.*

ALIZIER DES BOIS.

CRATÆGUS TORMINALIS. (Linné.)

DESCRIPTION.

Caractères génériques.

Calice persistant, à cinq divisions. Cinq pétales. Étamines nombreuses. Deux styles. Baie sphérique renfermant deux à cinq pepins cartilagineux. (Desfontaines.)

Caractères spécifiques.

Feuilles divisées en sept lobes profonds, inégaux et dentelés irrégulièrement.

Floraison. Elle se fait à la fin de mai.

Fructification. Les fruits sont à leur maturité en octobre.

Le *genre* alizier comprend une dixaine d'espèces, et fait partie aussi de la famille des rosacées, et de la quatorzième classe des végétaux, selon la méthode naturelle de Jussieu.

L'alizier des bois croît spontanément dans les forêts et ne s'y trouve pas en plus grande abondance que le cormier. Par cette raison il n'a que peu d'importance non plus dans l'économie forestière, il est également classé parmi les arbres forestiers fruitiers.

VIE ET VÉGÉTATION.

L'alizier des bois est un arbre de moyenne stature et d'un assez beau port. Il s'élève à 30 pieds de hauteur environ, et sa tige peut acquérir 3 à 4 pieds de circonférence. Son écorce est d'un gris cendré, et ses branches qui se dirigent obliquement donnent à sa tête une belle forme. Ses feuilles à divisions profondes et irrégulières sont presque palmées comme celles des platanes, mais sont beaucoup moins grandes ; elles sont d'un vert gai, et tombent de bonne heure dans les étés secs. L'alizier des bois est en général un bel arbre d'ornement, principalement au moment de sa floraison, qui est aussi remarquable et se fait de la même manière que celle du cormier.

L'alizier des bois a une brillante végétation, mais son accroissement est très-long ; il paraît susceptible de vivre autant que le cormier.

CULTURE.

L'alizier se propage de drageons et de marcottes, mais le meilleur moyen de le multiplier est par ses graines.

Il aime les terres substantielles et qui ont du fond. Ses graines lèvent d'elles-mêmes sur le sol forestier, mais cela ne dispense pas de faire des semis. Pour cela on répand sur le terrein qu'on a préparé les fruits tout entiers, on attend le moment où leur pulpe commence à se pourrir.

Le plant que ces semis produiront sera fort et vigoureux, et on pourra le planter à l'âge de 2 ou 3 ans dans les forêts. On en fait des élèves dans les pépinières pour y greffer les autres espèces d'aliziers.

EXPLOITATION ET PRODUIT.

La petite stature de l'alizier ne lui permet pas de croître parmi les arbres en futaie, et elle lui ôte la faculté d'offrir un dédommagement de la lenteur de son accroissement; car si un arbre de haute stature croît lentement, les grandes dimensions qu'il prend lui font au moins augmenter sa valeur avec les années. C'est pourquoi l'alizier, étant placé dans les forêts pour être aménagé en coupe réglée, serait toujours mal placé avec les autres arbres dont il ne pourrait pas égaler l'accroissement. Mais s'il était seul de son espèce il pourrait être d'un fort bon produit, parce que les qualités de son bois lui font donner un prix aussi élevé qu'au cormier, au pommier et au poirier sauvage.

UTILITÉ ET USAGE.

Le bois d'alizier est blanc, compacte et d'un grain fin. Il a presque toutes les qualités du bois de cormier, et on l'emploie aux mêmes usages. Il est recherché de plus par les luthiers qui s'en servent pour faire des instrumens à vent.

On mange les alizes lorsqu'elles ont mûri sur la paille, comme les fruits du cormier. On en fait aussi une boisson en les faisant infuser dans l'eau.

MARRONIER D'INDE.

ÆSCULUS HIPPOCASTANUM. (Linné)

DESCRIPTION.

Caractères génériques.

Calice à quatre ou cinq lobes. Quatre ou cinq pétales inégaux, sept étamines. Un style. Capsule coriace, à trois valves, à trois loges renfermant chacune deux graines marquées d'une large cicatrice, et couvertes d'une peau coriace. Feuilles digitées et opposées. (Desfontaines.)

Caractères spécifiques.

Fleurs. Corolle pentapétale, très-ouverte.
Fruits. Châtaigne renfermée dans une capsule épineuse.
Feuilles digitées, sept folioles inégaux.

Floraison. Elle se fait en mai et juin.

Fructification. Les fruits sont à leur maturité en octobre.

Le *genre* dont le marronier fait partie se compose de quatre espèces. Il appartient à la famille des érables, comprise dans la treizième classe des végétaux, selon la méthode naturelle de Jussieu.

Le marronier est encore très-rare dans les bois; le plus ordinairement il ne fait partie du sol des forêts que dans les plantations de ligne qu'on y établit. Mais il est tellement répandu partout ailleurs qu'on le classe assez généralement parmi les arbres forestiers.

Le marronier d'Inde est un des arbres les plus magnifiques que nous ayons. Livré à lui-même et dans le sol qui lui plaît, il prend de très-grandes dimensions. Sa tige, qui acquiert souvent une grosseur considérable, s'élève à une grande hauteur; ses branches s'étendent beaucoup et donnent à la tête de l'arbre une vaste périphérie.

Dans cet état d'accroissement le marronier a un aspect majestueux. Mais où il excite surtout l'admiration, c'est au moment de sa floraison; à la fin de mai ou au commencement de juin tous les rameaux se garnissent d'une multitude de fleurs disposées en pyramides droites qui couvrent la surface de l'arbre depuis la naissance des branches jusqu'à la cime. Dans cette disposition elles alternent agréablement avec le vert sombre du feuillage qui fait ressortir avec éclat leur jolie couleur blanche nuancée de petites taches purpurines. Mais elles durent peu, et on regrette à chaque printemps de ne pouvoir jouir plus long-temps du spectacle enchanteur qu'elles offrent à l'œil émerveillé.

Le marronier est cultivé en France depuis le commencement du 17ᵐᵉ. siècle, où il fut apporté de Constantinople. Matthiole, dans ses commentaires sur Dioscoride, en fait la description en donnant la figure d'une branche qui lui fut apportée du même pays. Il appelle son fruit *châtaigne chevaline* ou *châtaigne de cheval*, parce que les Orientaux s'en servaient pour la guérison des chevaux poussifs, en leur en faisant manger. Les botanistes ont maintenu cette dénomination dans la nomenclature latine du marronier.

VIE ET VÉGÉTATION.

La végétation du marronier est forte, et sa croissance est rapide, surtout dans les terreins qu'il préfère. Il souffre la taille et se conduit très-bien en tonture. Tous ces avantages le font beaucoup rechercher pour la décoration des jardins et la plantation des routes, où il forme en peu de temps de beaux ombrages.

Son accroissement est parfois considérable ; il parvient jusqu'à près de cent pieds de hauteur, et sa tige peut acquérir 12 pieds de circonférence. On rencontre fréquemment des marroniers de cette dimension en beaucoup d'endroits, et notamment dans le parc de St.-Cloud, où il en existe qu'on ne peut se dispenser d'admirer.

La durée des marroniers paraît être grande, car on en voit souvent qui sont plantés depuis près d'un siècle, qui paraissent susceptibles de vivre encore bien long-temps.

CULTURE.

Le marronier se reproduit par le recru de sa souche et par ses graines.

Il vient dans presque tous les terreins, mais il prospère mieux dans un sol substantiel et humide.

Sa multiplication est très-facile : ses graines lèvent assez souvent sans culture. On les sème comme les autres graines en pépinière, et à 3 ans on enlève le plant auquel on retranche la racine pivotante pour le faire servir aux plantations forestières ou à celles que l'on fait dans les pépinières pour élever des arbres-tige. On prend ces jeunes marroniers depuis l'âge de 6 ans jusqu'à 10 pour toutes les plantations de ligne que l'on veut faire.

EXPLOITATION ET PRODUIT.

On n'a pas encore étendu la culture du marronier dans les forêts, sûrement à cause de la médiocre qualité de son bois. Cependant, comme son accroissement est rapide, il pourrait peut-être de-

venir une essence forestière utile. Il pourrait
s'aménager dans tous les états de forêt, tels que
taillis, gaulis et futaie, attendu qu'il croît assez
bien en massifs ; il fournirait toujours des bois
d'une aussi bonne qualité pour le chauffage que
les essences les plus médiocres, qui sont quelquefois dominantes dans les forêts. Mais il faut le reconnaître, ce n'est que le prompt accroissement
du marronier qui pourrait engager de le propager
dans les forêts, et encore faudrait-il que ce fût
dans les endroits où l'on ne pourrait y faire croître
de meilleurs bois, car les propriétés du marronier sont trop bornées pour le propager, bien
entendu, aux dépens d'une meilleure essence.

On ne convertit pas tout en bois à brûler les
gros marroniers que l'on abat. On réserve les
corps les plus sains pour être débités en voliges,
planches et autres échantillons employés dans divers ouvrages.

Les marroniers se vendent sur pied, ou débités
en bois de chauffage de 2 pieds 1/2. Le prix qu'on
donne à ce bois à brûler est de 20 ou 25 francs la
corde. Les arbres sur pied se vendent dans la
proportion ; ceux qu'on destine à être débités en
sciage se paient un peu plus cher.

UTILITÉ ET USAGE.

Le bois de marronier est tendre, léger, et a peu de nerf. Il brûle assez bien lorsqu'il est sec, mais il produit peu de chaleur. Il a moins de qualité pour le chauffage que celui du peuplier blanc, mais il est beaucoup meilleur que le peuplier d'Italie, qui est le plus mauvais bois de chauffage.

Le bois de marronier est propre cependant à plusieurs ouvrages ; son grain est assez fin, il se polit bien et il a peu de jeu lorsqu'il est parfaitement sec. Il a en outre la propriété de ne point être attaqué par les insectes à cause de l'amertume de sa sève qui les éloigne. On en fait des bordures d'estampes, quelques ouvrages de la boisselerie, et il est assez recherché des tourneurs, des sculpteurs, des graveurs sur bois et des ébénistes qui en font le bâti de quelques meubles. Mais l'emploi le plus considérable que l'on fait de ce bois est dans la fabrication des caisses d'emballage et pour les couvertures en ardoises. On prétend que le bois de marronier est propre à faire des conduits d'eau souterrains, et qu'il dure plus long-temps que beaucoup d'autres bois d'une plus grande solidité.

Des marrons d'Inde.

On a plusieurs fois essayé d'utiliser la substance farineuse des marrons d'Inde, en cherchant à lui faire perdre son amertume. Plusieurs économistes ont fait avec constance diverses expériences à ce sujet. Elles ont été suivies de quelques succès. Mais on a fini par les abandonner en considérant que les moyens qu'il fallait employer étaient trop longs et trop dispendieux pour égaler les avantages qui pourraient en résulter.

Duhamel fait connaître un procédé qui fut employé par M. Bon, de Montpellier, pour ôter aux fruits du marronier leur âpreté, et les rendre propres à nourrir et engraisser de la volaille. Ce procédé consiste à composer une forte lessive d'une partie de chaux éteinte et deux parties de cendre ordinaire, dans laquelle on met tremper les marrons pendant environ 48 heures, après les avoir dépouillés de leur écorce et coupés par morceaux. On les lave ensuite pendant plusieurs jours dans de l'eau que l'on renouvelle à chaque fois, et après ces lotions on les fait cuire pour en faire une nourriture dont la volaille s'accommode bien. Mais Duhamel fait remarquer que les frais de fourniture et de manipulation, qui sont assez considérables, auraient l'inconvénient de rendre cette nourriture un peu trop chère. On croit que

22

l'eau de chaux pourrait suffire pour faire perdre aux marrons la plus grande partie de leur amertume, et qu'ils pourraient, ainsi préparés, servir à nourrir les porcs.

M. Parmentier a indiqué un autre moyen qui tend à produire les résultats du procédé employé par M. Bon ; c'est de réduire les marrons en fécule. Pour cela on les râpe après leur avoir ôté leur écorce, et on renferme la pâte qui en résulte dans des sacs de toile forte, que l'on met sous presse pour faire sortir le suc amer du fruit. Après cette opération, on prend le marc que contiennent les sacs et on le délaie dans une certaine quantité d'eau. On le verse ainsi délayé dans un tamis de crin, et on reçoit la liqueur laiteuse dans un vase rempli d'eau pure, au fond duquel se précipite la fécule qui, au moyen de semblables lotions réitérées souvent, perd tout-à-fait son goût amer. M. Parmentier dit que la fécule de marrons d'Inde, ainsi préparée, peut servir à faire du pain, étant mêlée avec une égale quantité de pommes de terre réduite en pulpe, en y ajoutant la quantité ordinaire de levain de froment. On prétend que ce pain, cuit au four, a une bonne odeur, et n'a rien de désagréable au goût, et que la fécule de marrons d'Inde, obtenue par la méthode de M. Parmentier, pourrait aussi se manger en bouillie.

On recherche les marrons d'Inde pour les brûler, parce que leurs cendres contiennent beaucoup de potasse. La fécule de ce fruit, qui est très-blanche, est propre à faire de l'amidon. Elle est bonne aussi pour blanchir la peau ; on peut s'en servir comme de la pâte d'amandes.

Les vaches, les chèvres, les moutons mangent les marrons d'Inde sans préparations, mais tous ces bestiaux ne les recherchent pas avec la même avidité. On peut les donner aux vaches, ils ne détériorent pas la qualité de leur lait.

GENÉVRIER COMMUN.

JUNIPERUS COMMUNIS.

DESCRIPTION.

Caractères génériques.

FLEURS MONOÏQUES OU DIOÏQUES.

Fleurs mâles disposées en petits chatons ovoïdes ou arrondis. Écailles membraneuses portées sur un pédicelle, élargies au sommet en forme de bouclier. Trois ou quatre anthères à une loge, sessiles sous chaque écaille.

Fleurs femelles. Écailles épaisses, pointues, disposées sur quatre rangs. Un ovaire sous chacune, surmonté d'un petit stigmate. Ces écailles croissent, deviennent charnues, se soudent ensemble et forment une baie arrondie dont la surface est parsemée d'éminences irrégulières plus ou moins saillantes. Cette baie renferme trois ou un plus grand nombre de noyaux osseux, à une loge. (DESFONTAINES.)

Caractères spécifiques.

Fruits. Baie un peu allongée.

Feuilles ternées, persistantes, filiformes, étalées, roides et piquantes.

Floraison. Elle se fait en mai.

Fructification. Le fruit ne mûrit qu'à l'automne de l'année suivante.

Le *genre* genévrier se compose d'une dizaine d'espèces environ. Il fait partie de la famille des conifères et de la quinzième classe des végétaux, suivant la méthode naturelle de Jussieu.

Le genévrier commun est un arbrisseau toujours vert, de la famille des bois résineux. On le rencontre dans les places vagues ou sous les grands arbres de quelques forêts, où il croît spontanément.

VIE ET VÉGÉTATION.

Cet arbrisseau s'élève depuis 6 jusqu'à 10 pieds de hauteur. Sa tige, qui acquiert quelquefois 8 à 10 pouces de diamètre à sa base, est tortueuse, et ses branches touchent la terre; il se prête difficilement aux formes régulières qu'on veut lui donner et il conserve toujours son aspect sauvage. Dans les forêts, il forme des buissons épais qui ont de 2 à 6 pieds de hauteur, selon la nature du sol. Le genévrier commun a d'ailleurs diverses variétés, qui sont susceptibles, par l'influence du climat, de prendre un bien plus grand développement.

CULTURE.

Le genévrier commun n'a point d'importance dans les forêts. L'ordonnance de 1669 (titre 23, art. 5) le classe parmi les morts-bois, c'est-à-dire les bois inutiles au produit des forêts, et dont on peut disposer sans aucune des formalités prescrites pour les exploitations ordinaires.

Cependant la culture de cet arbrisseau n'est pas sans quelque intérêt. Il croît dans les plus mauvais sols, et quoique dans ces localités le genévrier ne puisse parvenir qu'à une très-petite hauteur, il peut offrir les moyens d'utiliser des terreins absolument stériles pour les autres végétaux. Il vient dans les sables secs et quartzeux, les terres calcaires, et sur les montagnes caillouteuses et arides.

On multiplie le genévrier commun de boutures, mais principalement par ses graines, qui ne lèvent que la seconde année. Cette culture est peu dispendieuse. Il suffit de semer les baies de genièvre, aussitôt leur maturité, sur un terrein en friche, de la même manière qu'on sèmerait du grain, et de remuer un peu la superficie de la terre pour couvrir la graine. Les jeunes plants se développent dans la friche qui les protège à leur naissance, et ils ne commencent à prendre le dessus qu'au bout de trois ans ; ils poursuivent ensuite leur croissance et n'exigent aucun soin. Les résultats d'une semblable culture sont lents, et les produits en sont faibles sans doute ; mais si l'on considère qu'il s'agit de terreins dont on ne peut tirer aucun autre parti, et que les frais sont pour ainsi dire nuls, ils offriront toujours des avantages, notamment dans les forêts où on conserve du gibier, auquel les genévriers donneront du couvert.

Si on veut cultiver le genévrier commun dans de bonnes terres, son accroissement deviendra plus considérable. Il pourra former des buissons de 10 pieds et plus de hauteur. Mais il faudrait pour cela sacrifier des terres propres à de meilleurs produits, et cet arbrisseau ne saurait en offrir le dédommagement.

Lorsqu'on fait des élèves de genévrier dans les pépinières, pour former dans les jardins des petits bosquets d'hiver, auquel usage cet arbrisseau est très-propre par sa verdure perpétuelle, on le cultive avec plus de soin pour accélérer et augmenter son accroissement. On sème les graines en terre légère exposée au levant ; on transplante les jeunes genévriers lorsqu'ils ont atteint l'âge de trois ans, on les élève encore le même laps de temps dans les pépinières, et on peut ensuite les mettre en place.

PRODUIT ET USAGE.

Le bois de genévrier est tendre et léger, compacte et odorant. Son aubier, qui est très-épais, est roussâtre, et le cœur est rouge-clair. Ce bois, dont le grain est veineux, est nuancé fort agréablement par l'union de ces deux couleurs, qui prennent un nouvel éclat à mesure qu'il vieillit.

Le bois de genévrier est renommé par son incorruptibilité et sa longue durée. Pline rapporte que, pour cette raison, Annibal en fit construire le temple de Diane, à Éphèse. On dit que la porte de la basilique de Saint-Pierre à Rome, au moment de l'édification de cette église, a été faite en bois de genévrier, et qu'elle a duré plusieurs siècles sans que le bois eût éprouvé aucune altération. On en fait de fort jolis ouvrages de tour, d'ébénisterie et de marqueterie. On s'en sert assez généralement pour faire les crayons de mine de plomb, ce qui l'a fait appeler par quelques-uns *bois à crayons.*

Comme le bois de genévrier a une odeur balsamique fort agréable, on le réduit en petits copeaux minces, que l'on brûle pour parfumer les appartemens.

Comme bois à brûler, le genévrier est susceptible d'être d'un très-bon usage, car son charbon dure très-long-temps. On prétend que ce charbon peut conserver son feu pendant une année sous la cendre [1].

La résine.

Le genévrier produit une gomme ou résine en larmes, que les Arabes, selon Matthiole, nomment *sandaraz*. Elle est connue chez nous sous le nom de *sandaraque*. C'est avec cette gomme que l'on fait les vernis blancs pour lustrer les peintures, en la faisant dissoudre dans de l'esprit de vin rectifié. Étant réduite en poudre, c'est la sandaraque dont on se sert pour gommer le papier et pouvoir écrire dessus après qu'on l'a gratté.

Le genièvre.

On brûle comme parfum les baies du genévrier commun. Dans quelques pays on boit l'eau dans laquelle on a fait infuser des baies de genièvre, comme du thé. L'usage le plus général que l'on fait de ce fruit est de le faire entrer dans la préparation de plusieurs liqueurs stomachiques. En quelques pays on en compose une boisson, en en faisant infuser une grande quantité dans de l'eau.

L'oxicédrus ou genévrier cade produit le *baume cade* des maréchaux.

[1] Voir Matthiole, *Commentaires sur Dioscoride.*

Propriétés en médecine.

Selon Matthiole les baies de genièvre sont médiocrement chaudes, astringentes et bonnes à l'estomac. Il dit que prises en breuvage elles sont bonnes contre la toux et les tranchées, et qu'elles sont diurétiques. Il ajoute que les feuilles étant infusées dans du vin, ou leur jus pris intérieurement, servent utilement pour la guérison des morsures de vipères.

Le même auteur rapporte que la gomme ou résine de genévrier, préparée et prise en breuvage, fait mourir les vers et dessèche les catarrhes étant employée en fomentation sur la tête. Il dit plus loin que le bois de genévrier réduit en copeaux ou concassé, et mis en décoction jusqu'à un certain degré, communique à l'eau une vertu singulière pour la guérison de la goutte sciatique, si on en prend un bain.

NOISETIER COMMUN ou COUDRIER.

CORYLUS AVELLANA. (Linné.)

DESCRIPTION.

Caractères génériques.

FLEURS MONOÏQUES.

Fleurs mâles en châtons pendans, cylindriques. Écailles partagées en trois ; la division moyenne plus grande, recouvrant les deux autres. Environ huit étamines attachées à la base de chaque écaille. Anthères à une loge. (Décandole.)

Fleurs femelles réunies en petits paquets dans les bourgeons. Deux styles. Un involucre coriace, persistant, lacéré au sommet, et enveloppant une noix lisse, monosperme, tronquée à sa base et marquée d'une large cicatrice. (Desfontaines.)

Caractères spécifiques.

Fruits. Calice du fruit campanulé, lacéré ou dentelé formant une houppe très-évasée.

Feuilles en cœur, presque rondes, acuminées, stipules oblongues, obtuses.

Floraison. Elle se fait en février.

Fructification. Le fruit est à sa maturité en septembre.

Le *genre* noisetier, qui se compose d'un petit nombre d'espèces, fait partie de la famille des amentacées et de la quinzième classe des végétaux, selon la méthode naturelle de Jussieu.

Le noisetier est un grand arbrisseau qui se trouve dans les taillis de nos forêts, où on le rencontre quelquefois en grande abondance. Il est originaire de Pont, d'où il a été transporté en Asie et en Grèce, et ensuite dans les autres pays. Les Grecs appelaient son fruit *noix pontique*, et plus tard il reçut le nom d'*aveline*, que l'on croit venir de ce que son enveloppe boiseuse est velue.

VIE ET VÉGÉTATION.

Le noisetier ou coudrier a une végétation très-vigoureuse. Il se multiplie considérablement par ses drageons, qui cherchent leur substance aux dépens des autres bois du même âge, qu'il fait souvent périr. Quelques personnes conseillent, à cause de cela, de l'exclure des forêts.

Il est vrai que le noisetier, malgré toute l'activité de sa végétation, ne pourrait dédommager de la perte d'une essence de grand bois, fût-elle de la plus mauvaise qualité ; mais s'il se trouvait seul de son espèce, il ne ferait tort à rien, et il serait d'un assez bon rapport, à cause de la promptitude de son accroissement.

Le coudrier parvient à 15 pieds de hauteur, et quelquefois davantage au terme de sa croissance, et il peut vivre 40 à 50 ans. Il sort ordinairement de son pied une grande quantité de bourgeons, qui prennent bientôt le dessus, et font périr les vieilles tiges ou augmentent la cépée. On voit souvent de ces bourgeons acquérir jusqu'à 6 pieds de longueur dans une année, ce qui est une végétation véritablement digne de remarque pour un arbrisseau.

CULTURE.

Les noisetiers se multiplient de marcottes, de drageons, par le recru de leur souche et par leurs semences. Mais comme ils produisent abondamment des rejetons qui sont fort bien enracinés, on choisit de préférence ce moyen pour les propager. Cependant si on veut faire des semis, on conserve les fruits dans du sable pendant l'hiver, pour les semer au printemps dans un terrein préparé à toute exposition. On transplante les jeunes noisetiers à l'âge de 2 ou 3 ans pour les planter dans les forêts ou dans les pépinières, où on les élève jusqu'à un âge plus avancé.

Le noisetier commun n'est pas délicat sur la nature des terreins ; il vient partout, mais il aura une plus belle végétation encore dans un sol léger et frais.

EXPLOITATION ET PRODUIT.

Lorsque le noisetier est dominant dans une partie de forêt, on peut l'exploiter depuis huit ans jusqu'à quinze ans ; au-dessus de cet âge l'aménagement serait moins avantageux. Une coupe de noisetiers de 12 ans pourrait encore se vendre sur le pied de 400 fr. l'hectare, dans les pays où existent des débouchés de commerce pour les bois.

UTILITÉ ET USAGE.

Le bois de noisetier est coriace, souple et pliant. Son grain est serré et fin, et il se polit bien. Il produit un assez bon chauffage. Son charbon est employé dans la fabrication de la poudre à tirer.

On en fait beaucoup d'usage pour faire des cerceaux, et il est propre à faire des échalas et du treillage. Les vanniers s'en servent pour faire le bâti de leurs ouvrages. On en fait des fourches, des rateaux, des manches de balais, des chaises, des claies, des baguettes et des fossets pour les futailles.

Les noisettes donnent une huile d'un goût agréable dont on se sert comme de l'huile d'amandes douces. On prétend que les noisettes étant mangées en trop grande quantité, sont malsaines.

———

ÉPINE BLANCHE ou AUBÉPINE.

MESPYLUS OXYACANTHA. (Linné.)

DESCRIPTION.

Caractères génériques.

Calice persistant, à cinq divisions. Cinq pétales. Un à cinq styles. Baie renfermant des osselets. (Desfontaines.)

Caractères spécifiques.

Fleurs digynes, pentapétales.

Fruits. Calice glabre vers le pédoncule, et dont les segmens sont lancéolés et terminés en pointe.

Feuilles laciniées, glabres, divisions obtuses, dentelées en scie.

Floraison. Elle se fait en mai.

Fructification. Les fruits ont acquis leur maturité en septembre.

Le *genre* dont l'aubépine fait partie, appartient à la famille des rosacées et à la quatorzième classe des végétaux, selon la méthode naturelle de Jussieu.

L'aubépine est le plus joli arbrisseau de nos forêts, dans lesquelles il est répandu presque partout en grande abondance. Elle y est très-peu utile comme produit, mais elle en fait l'ornement par sa floraison et l'agrément de sa verdure qui annoncent les premiers le retour du printemps.

VIE ET VÉGÉTATION.

L'aubépine a une végétation assez active, et cependant son accroissement est fort lent. Un tronçon d'épine ne parvient pas en trente ans à la grosseur que la tige de certains arbres des forêts acquiert en cinq ans. L'aubépine dans les bois ne forme que de gros buissons ; mais elle devient un petit arbre d'un assez beau port lorsqu'on la cultive dans les jardins. Elle s'élève sur une seule tige que garnissent des branches bien disposées et légèrement pendantes, sa tête prend une forme régulière, et son aspect est enchanteur au moment de sa floraison.

On a obtenu par sa culture des variétés à fleurs doubles, blanches et roses. Ce sont ces espèces, greffées sur l'aubépine commune, que l'on propage surtout dans les jardins, où elles sont d'un effet admirable. Mais le charme qu'elles acquièrent d'un côté, elles le perdent de l'autre ; car ces fleurs doubles, dont le détail est si gracieux, n'ont point d'odeur, et si dans les bosquets l'air est embaumé de l'agréable parfum de l'aubépine, cette exhalaison suave indique le séjour de l'espèce à fleurs simples, qui est seule odorante.

Les épines élevées en tige et greffées peuvent, au terme de leur accroissement, parvenir à 20 pieds de hauteur, et leur tronc peut acquérir 5 à 6 pouces de diamètre. Leur longévité paraît être assez grande. Nous en avons vu de plantées depuis 50 ans qui avaient terminé leur croissance, et qui paraissaient susceptibles de vivre encore long-temps; elles ne donnaient aucun signe de dépérissement.

CULTURE.

Les épines se multiplient par le recru de leur souche, les drageons que produisent leurs racines et par leurs graines. Elles viennent en tout terrain, mais elles préfèrent ceux qui sont un peu substantiels et frais.

On sème les graines dans les pépinières en automne ou au printemps, dans un terrain préparé à l'exposition du levant. Ces semences ne lèvent, le plus ordinairement, que la seconde année. On ne plante pas les épines dans les forêts; le plant qui résulte de ces semis s'emploie principalement pour établir des haies de clôture, et on les élève dans les pépinières pour y greffer ensuite les néfliers, les autres espèces du genre épine et les variétés à fleurs doubles, dont il vient d'être parlé.

On sème quelquefois des graines d'épine sur l'emplacement même des haies de défense qu'on veut établir ; lorsqu'on y emploie du plant tout élevé on le prend à l'âge de trois ans, de même que pour toute autre plantation.

EXPLOITATION ET PRODUIT.

Au demeurant, l'aubépine n'est pas sans quelque utilité. On en fait dans les champs de fort bonnes clôtures que l'on rend susceptibles de rapport en greffant sur des brins qu'on laisse grandir le néflier cultivé qui est d'un assez bon produit. On recèpe ordinairement ces haies lorsqu'elles sont vieilles, afin de les rajeunir.

Dans les forêts on coupe l'épine blanche, et on l'emploie pour la construction des haies sèches qu'elle rend défensives pendant quelques années, et pour faire l'épinage des arbres de ligne sur les routes.

Quoique le bois d'épine produise un des meilleurs chauffages, on ne peut cependant pas l'apprécier sous ce rapport dans les forêts où il ne prend pas, en quantité dominante, assez d'accroissement pour figurer dans ces importans produits. On n'en fait que des bourrées, ayant un peu plus

que les dimensions ordinaires, et que l'on vend
pour le chauffage des fours, sur le pied de 12 à
15 francs le cent.

UTILITÉ ET USAGE.

Le bois d'épine est dur, pesant et compacte;
son grain est très-fin, et il est susceptible de recevoir un beau poli, mais malgré toutes ces qualités on en fait peu d'usage dans les arts, car il
s'échauffe aisément et est très-sujet à se fendre et
se tourmenter. On l'emploie cependant dans quelques ouvrages de charronnage de peu d'importance. On en fait des maillets, des manches d'outils et des dents de roues d'engrenage.

L'aubépine fournit des sujets pour la greffe
de quelques aliziers, et on peut faire de très-jolies
avenues des variétés à fleurs doubles.

Les fruits qu'on appelle vulgairement *senelles*,
ont une qualité astringente qui les rend propres
à quelques usages en médecine. On en fait une
boisson dans quelques pays, ou bien on les mêle
avec le cidre ou le poiré pour augmenter leur
force. M. Bosc pense que l'aubépine mériterait
d'être cultivée davantage dans le nord de la France,
parce que la boisson qu'on peut tirer de ses
fruits formerait un supplément à la bière, qui
enlève dans ces contrées une grande quantité de
grains aux subsistances. On dit que cette boisson
est enivrante et porte à la tête.

CORNOUILLER MALE.

CORNUS MASCULA. (Linné.)

CORNOUILLER SANGUIN.

CORNUS SANGUINEA. (Linné.)

DESCRIPTION.

Caractères génériques.

Calice à quatre dents. Corolle à quatre pétales. Quatre étamines. Un style. Un drupe renfermant une noix à deux loges.

(DESFONTAINES.)

Caractères spécifiques.

Cornouiller mâle. *Fruits* drupe oblong.
Feuilles ovales, acuminées, dont les nervures sont très-marquées.
Cornouiller sanguin. *Fleurs* disposées en corymbes.
Feuilles ovales, colorées.
Rameaux droits, comprimés à la cime, et rouges à leur extrémité.

Floraison. Le cornouiller mâle fleurit en février.

Le cornouiller sanguin fleurit en juin.

Fructification. Le fruit est à sa maturité en août dans les deux espèces.

Le *genre* cornouiller se compose de quatorze espèces, et il fait partie de la famille des chèvre-feuilles, qui est comprise dans la onzième classe des végétaux, selon la méthode naturelle de Jussieu.

Ces deux cornouillers croissent spontanément dans les forêts où on les rencontre assez fréquemment, soit dans l'intérieur ou sur la lisière des massifs. La première espèce est un grand arbrisseau, et la seconde a une taille moins élevée.

Les cornouillers sont aussi classés dans les forêts parmi les morts-bois. Leur produit est presque sans utilité dans l'économie forestière ; ces deux espèces sont originaires de France.

VIE ET VÉGÉTATION.

Le cornouiller mâle est un arbrisseau d'une très-jolie forme ; ses rameaux sont fins et déliés, et ses feuilles sont d'un vert tendre agréable à l'œil. Il produit en assez grande quantité des petits fruits colorés à leur maturité d'un joli rouge de carmin, et ils produisent un effet charmant avec le ton de verdure du feuillage. Il s'élève de 15 à 20 pieds de hauteur, et sa tige peut acquérir une certaine grosseur. M. Chevalier dit avoir vu dans un jardin un cornouiller dont le tronc portait environ 4 pieds et demi de tour ; il est vrai que c'était dans un terrein cultivé, mais il ne paraît pas moins que le cornouiller est susceptible de prendre avec le temps un assez grand accroissement.

Le cornouiller sanguin est ainsi nommé à cause de la couleur pourprée de ses rameaux et d'une partie de ses feuilles. Il ne prend pas un accroissement aussi considérable que le précédent. On le rencontre fréquemment dans les haies. Ses fleurs blanches sont rapprochées en jolis corymbes, et il leur succède autant de petites baies noires presque semblables à la graine de sureau.

Le cornouiller mâle est susceptible de vivre des siècles. M. Bosc en cite un qui sert de bornage à deux propriétés dans la forêt de Montmorency dont l'ancienneté constatée par de vieux titres remonterait à plus de mille ans.

CULTURE.

On multiplie les cornouillers de marcottes et de boutures, par leurs rejetons et leurs graines.

On fait les marcottes en hiver et les boutures au printemps. Elles ne sont suffisamment enracinées qu'au bout de deux ans, et on lève ces plants alors pour les mettre en place.

Lorsqu'on veut faire des semis on met les graines en terre aussitôt leur maturité. Elles ne lèvent

quelquefois que la seconde année. A l'âge de trois
aus on enlève le plant qui résulte de ces semis
et on le repique dans les pépinières où on le cultive encore pendant ce même laps de temps. Ce
sont alors de jeunes arbrisseaux qu'on peut planter
à demeure.

Les cornouillers souffrent assez bien le ciseau ;
ils sont propres à former des haies de clôture ou
des palissades dans les jardins : mais ils produisent un plus bel effet dans les plantations en massifs, où ils sont abandonnés à eux-mêmes. Ces
arbrisseaux s'accommodent de tous les terreins ;
ils prospèrent mieux cependant dans un sol substantiel et frais.

PRODUIT, UTILITÉ ET USAGE.

Le bois du cornouiller mâle est coriace et d'une
dureté extrême; il joint à une grande force beaucoup de souplesse. Son grain est très-fin et il
prend bien le poli ; il est un peu veineux et nuancé
fort agréablement par les couleurs brunes et blanches, quelquefois mêlées de rose qu'il réunit. Ce
bois est recherché pour un grand nombre d'ouvrages. On l'emploie dans la mécanique pour faire
des dents de roues d'engrenage, des fuseaux et
babillards de moulins ; on en fait des rayons de
roues, des échelons pour les échelles, des che-

villes, des manches, des affûtages d'outils, des cerceaux et des échalas d'une très-grande durée, et une foule de petits ouvrages de l'art du tour. Il est d'un fort bon usage dans le chauffage; il tient au feu et dégage beaucoup de chaleur.

Le bois du cornouiller sanguin a aussi beaucoup de dureté, mais n'est pas réputé pour avoir toutes les propriétés du précédent.

Les fruits du cornouiller mâle, que l'on appelle *cornes* ou *cornouilles*, sont d'un goût acidulé assez agréable; on en fait des confitures et des liqueurs. En Bretagne, et dans quelques autres pays, où on récolte beaucoup de ces fruits, on les mêle avec les pommes et les poires pour en faire du cidre. M. Baudrillart dit qu'en Allemagne on fait confire les cornouilles, lorsqu'elles sont encore vertes, dans de l'eau salée, et qu'on les arrose ensuite avec de l'huile, pour en faire usage comme des olives, auxquelles elles ressemblent par la forme et le goût.

Le même auteur rapporte que les baies du cornouiller sanguin, dont la chair est mucilagineuse, sont propres à donner une huile bonne à brûler, et pour la fabrication du savon, et qu'on l'obtient par la compression après avoir fait bouillir les fruits dans l'eau. La quantité qu'ils peuvent fournir de cette substance oléagineuse paraît être très-grande. Selon un auteur cité par M. Baudrillart, 100 livres de baies donneraient 34 livres d'huile.

Ce serait un produit assez important pour engager à cultiver en grand le cornouiller sanguin.

Selon Matthiole, les fruits du cornouiller mâle
ont une qualité astringente; ils resserrent et sont
bons contre le flux de ventre, soit qu'on les mange
ou qu'on les prenne dans du vin cuit.

———

NÉFLIER.

MESPILUS GERMANICA. (Linné.)

DESCRIPTION.

Caractères spécifiques.

Fleurs sessiles et solitaires.
Feuilles lancéolées et cotonneuses en-dessous.

Floraison. Elle se fait en mai.

Fructification. Le fruit mûrit en octobre.

Le néflier, faisant partie du même *genre* que l'aubépine, appartient à la même famille et à la même classe. Il est originaire de France.

VIE ET VÉGÉTATION.

Le néflier qui croît dans les forêts est l'espèce mère du néflier cultivé, dont la greffe a changé la nature et amélioré les fruits. Le néflier sauvage est un arbrisseau qui s'élève de 10 à 15 pieds de hauteur; sa forme est bizarre et son feuillage n'a rien de remarquable. On le rencontre beaucoup moins fréquemment dans les bois que les deux espèces précédentes ; sa végétation ne manque pas de vigueur, et il paraît susceptible de vivre longtemps.

CULTURE.

Les néfliers viennent assez bien en tout terrein ; mais ils préfèrent les terres substantielles et un peu humides. Ils se multiplient de marcottes et de graines. On propage rarement l'espèce sauvage, parce que sa culture ne pourrait avoir pour principal objet que de former des sujets pour y greffer le néflier cultivé ; et ces sujets deviennent inutiles, attendu l'usage où l'on est de choisir l'aubépine, dont la végétation, plus forte, contribue beaucoup mieux à changer favorablement la nature du fruit. Le néflier cultivé ne se multiplie le plus ordinairement qu'au moyen de la greffe. On sème quelquefois ses graines pour avoir des sujets francs de pied ; mais ces semences ne lèvent qu'au bout de deux ans. Quelques cultivateurs, pour accélérer la levée des graines de néflier, les sèment sur couche, et cela fait gagner une année. Malgré ces précautions la voie des semis est toujours moins prompte que la greffe ; car les néfliers entés sur l'épine donnent déjà du fruit à la troisième année. Du reste la culture du néflier est la même que celle de l'aubépine.

PRODUIT ET USAGE.

Le bois du néflier est ferme, dur et compacte ; il a à peu près les mêmes propriétés que l'épine, et il est propre aux mêmes usages. Si le néflier sauvage était dominant dans les forêts, parmi les essences aménagées en taillis, il ne pourrait qu'ajouter à leur valeur.

Le néflier cultivé est d'un fort bon produit par ses fruits, qui sont très-recherchés. Les nèfles sont agréables au goût, et ont une qualité astringente. Selon Matthiole, ce fruit, lorsqu'on le mange, resserre le ventre et est bon à l'estomac ; mais il ne faut pas s'en faire une nourriture.

Les nèfles ne sont bonnes à manger que lorsqu'elles sont blettes, c'est-à-dire dans l'état intermédiaire entre la maturité et la pourriture ; car lorsqu'elles sont fermes elles ont une âpreté insupportable.

Pour réduire les nèfles à l'état où elles peuvent être mangées, il faut les étendre sur de la paille ; mais comme elles commencent à mollir par le cœur et moisissent souvent par-là avant d'être entièrement blettes, il faut les meurtrir en les froissant les unes contre les autres : cela attendrit la peau et elles mollissent également.

PRUNELLIER ÉPINE-NOIRE.

PRUNUS SPINOSA. (Linné.)

DESCRIPTION.

Caractères génériques.

Calice à cinq divisions profondes. Cinq pétales. Étamines nombreuses. Un style. Un drupe renfermant un noyau lisse.

(Desfontaines.)

Caractères spécifiques.

Fruits sphériques, très-petits et non pendans.
Feuilles éliptiques, lancéolées, pubescentes en dessous.
Rameaux hérissés d'épines nombreuses.

Floraison. Elle se fait en avril.

Fructification. Les fruits sont à leur maturité en septembre.

Le genre dont le prunellier fait partie appartient à la famille des rosacées et à la quatorzième classe des végétaux, selon la méthode naturelle de Jussieu.

VIE ET VÉGÉTATION.

Le prunellier épine-noire est un arbrisseau qui s'élève à 7 ou 8 pieds de hauteur, et ne croît qu'en buisson. Il est abondamment répandu dans les forêts, et on le rencontre fréquemment sur le bord des routes et dans les plaines. Il est plutôt le fléau que l'ornement des lieux où il se trouve, à cause des nombreux aiguillons dont il est armé; mais il en offre une sorte de dédommagement par les jolies fleurs blanches et d'une odeur douce, dont se couvrent entièrement tous ses rameaux avant la naissance des feuilles. Lorsque cet arbrisseau est en grande abondance, il excite on ne peut plus agréablement l'attention au moment de sa floraison; les feuilles succèdent aussitôt et marquent des premières la verdure du printemps.

CULTURE.

Le prunellier se multiplie par ses rejetons et ses semences, et il croît dans tous les terreins, même les plus arides. Cependant sa végétation prend de plus beaux développemens dans les terres substantielles et un peu humides. Cet arbrisseau est très-propre à former des haies vives; on ne le cultive guère que pour cet usage.

PRODUIT ET USAGE.

L'épine-noire ne produit que du menu bois, dont on fait des bourrées pour chauffer les fours; elles se vendent environ 10 francs le cent. Ce bois est dur et produit beaucoup de chaleur; il serait d'un fort bon usage comme combustible, s'il pouvait offrir de forts échantillons. On l'emploie aussi pour faire l'épinage des arbres de ligne et des clôtures provisoires.

Dans les campagnes on récolte les prunelles pour en faire une boisson, en les faisant fermenter dans de l'eau ou en les mêlant avec des fruits à cidre.

TROENE COMMUN.

LIGUSTRUM VULGARE. (Linné.)

DESCRIPTION.

Caractères génériques.

Calice à quatre dents. Corolle en tube à quatre divisions. Deux étamines. Baie à deux loges, renfermant quatre graines.

(Desfontaines.)

Caractères spécifiques.

Fleurs en panicule, pédicelles opposés.
Feuilles ovales, lancéolées et terminées en pointe.

Floraison. Elle se fait en juin.

Fructification. Les fruits mûrissent en septembre.

Le troène fait partie de la famille des jasminées et de la huitième classe des végétaux, selon la méthode naturelle de Jussieu.

C'est un petit arbrisseau originaire de la Ligu-

24

rie, contrée de la république de Gênes, où on le
trouva en grande abondance ; ce qui lui fit donner
le nom de *ligustrum*. Le troëne s'élève jusqu'à 7
ou 8 pieds de hauteur ; son feuillage est très-serré
et sa verdure est riante. Ses rameaux nombreux
sont terminés au mois de juin par autant de petits bouquets de fleurs blanches rapprochées en
thyrse, et fort semblables au lilas par la forme.
On rencontre le troëne en tout endroit dans les
forêts, dont il embellit les massifs et le bord des
chemins ; il n'y est qu'un arbuste d'agrément et
d'aucune utilité dans les produits forestiers.

VIE ET VÉGÉTATION.

Sa végétation est brillante et montre beaucoup
de vigueur dans sa jeunesse. Lorsqu'on le coupe
sur souche, ses bourgeons acquièrent souvent trois
pieds de longueur dans une année. Quoique cet arbrisseau ne croisse ordinairement qu'en buisson,
il est susceptible de s'élever sur une seule tige et
de prendre de plus grandes dimensions. Il peut
vivre 30 ou 40 ans.

CULTURE.

Le troëne vient en tout terrein ; mais il a une
plus belle végétation dans les lieux humides. On
le multiplie de marcottes, de boutures et de grai-

nes. On ne prend guère le soin de l'élever, car il se propage abondamment de lui-même par ses graines et par ses branches qui traînent à terre et s'enracinent facilement. On trouve assez ordinairement dans les bois tout le plant dont on peut avoir besoin. Cependant si on veut élever du plant de troëne dans les pépinières, le moyen des marcottes est préférable à tout autre; il est beaucoup plus prompt que celui des semis et des boutures, dont la pratique est, du reste, on ne peut plus facile.

PRODUIT ET USAGE.

Le troëne conserve sa verdure jusqu'aux gelées, et il est très-propre à orner les bosquets d'automne. Il souffre le ciseau, et s'assujettit mieux qu'aucun arbrisseau à la tonture. Il se prête facilement à toutes les formes qu'on veut lui donner; on en fait des palissades d'appui, des berceaux et des bordures, où il est très-bon pour soutenir les terres; il est enfin d'une grande utilité dans la décoration des jardins.

Le bois de troëne est coriace, dur et compacte, et son grain est très-fin. On l'emploie à divers ouvrages du tour, lorsqu'on en rencontre de forts échantillons. Le troëne ne vient pas assez fort dans les forêts pour qu'on puisse en tirer un utile produit; il ne fournit que de la bourrée, qui est d'un bon usage pour le chauffage des fours, car ce bois donne beaucoup de chaleur. On emploie les branches flexibles pour faire des liens et divers ouvrages de vannerie. En quelques pays on tire des baies du troëne une teinture dont on se sert pour peindre les cartes à jouer et pour colorer les vins.

NERPRUN. BOURGÈNE DES BOIS.

RHAMNUS FRANGULA. (Linné.)

DESCRIPTION.

Caractères génériques.

Calice à quatre ou cinq divisions. Quatre ou cinq pétales. Autant d'étamines opposées aux pétales. Un à trois styles. Baie ronde monosperme ou polysperme. Fleurs monoïques dioïques ou hermaphrodites. Feuilles alternes. (Desfontaines.)

Caractères spécifiques.

Fleurs monogynes, hermaphrodites.
Feuilles entières, ovales, lancéolées.

Floraison. Elle se fait en juin.

Fructification. Le fruit est à sa maturité en septembre.

La famille dont le *genre* nerprun fait partie en porte le nom, et elle est comprise dans la quatorzième classe des végétaux, suivant la méthode de Jussieu.

La bourgène, connue aussi sous le nom de *bour-daine* croît en grande abondance dans quelques forêts, et principalement dans les endroits humides. Quoique n'étant qu'un arbrisseau, la bourdaine n'est pas classée parmi les morts-bois; elle est utile au produit des forêts, et très-expressément réservée par les ordonnances et réglemens forestiers.

VIE ET VÉGÉTATION.

Le nerprun-bourgène est un arbrisseau ou petit arbre d'une belle forme; il s'élève jusqu'à 15 pieds de hauteur et soutient bien ses branches : son écorce est noire et tachetée de petits points blancs. La verdure de son feuillage est agréable. Ses fleurs sont peu remarquables ; il leur succède autant de petites baies d'abord vertes, puis rouges, et qui deviennent noires à leur maturité. Ces graines, qui sont très-nombreuses, produisent un assez joli effet sur les rameaux, qui en présentent dans le même moment de plusieurs couleurs.

La bourgène a une végétation forte, ses bourgeons sur souche acquièrent souvent 3 et 4 pieds de longueur dans l'année, et son accroissement est en général très-rapide.

CULTURE.

La bourgène des bois s'accommode assez bien de tous les terreins, mais elle prospère beaucoup mieux sur un sol substantiel et frais. Cet arbrisseau se multiplie de drageons et de graines. On sème les baies aussitôt leur maturité dans un terrein frais et ombragé, et on extrait le plant à trois ans pour le repiquer dans les pépinières ou le planter à demeure dans les forêts. Mais on fait rarement de ses dernières plantations attendu que la bourdaine se propage suffisamment d'elle-même dans les bois.

PRODUIT ET USAGE.

Le bois de bourdaine produit le meilleur charbon pour la fabrication de la poudre à tirer. C'est pourquoi les ordonnances et réglemens forestiers en ont rigoureusement interdit l'usage pour toute autre destination.

« Un arrêté du 7 mars 1709 fait défense à tous
» vanniers, faiseurs de paniers et autres, d'em-
» ployer dans aucun ouvrage des bois de bour-
» daine, sous peine de 300 francs d'amende et de
» confiscation des ouvrages dans lesquels ils au-
» raient été employés. Il enjoint aux grands-maîtres
» et autres officiers des eaux et forêts, de ne faire

» aucune adjudication des bois du Roi ou de ceux
» des communautés ecclésiastiques et laïques, et
» à tous seigneurs particuliers, de ne faire aucune
» vente de leurs bois dans l'étendue de 12 lieues,
» près des moulins à poudre, qu'à la charge, par
» les adjudicataires, de faire mettre à part tous
» les bois de bourdaine de trois, quatre et cinq
» ans de crue, et de les faire mettre en bottes de
» la grosseur des fagots ordinaires, sous peine
» de 300 livres d'amende pour chaque contraven-
» tion, pour lesdites bottes être livrées à l'adju-
» dicataire général des poudres, en payant 2 sous
» par chaque botte.

» Le même arrêt (art. 3), remis en vigueur
» par un arrêté du gouvernement du 25 fructidor
» an II, autorise les commissaires et préposés
» des poudres et salpêtres de faire dans tous les
» temps la recherche, coupe et enlèvement du
» bois de bourdaine de l'âge de trois, quatre et
» cinq ans, dans toutes les forêts, quand même il
» n'y aurait pas de coupes ouvertes, vendues ou
» adjugées.

» La même réserve et les mêmes recherches
» ont lieu dans les bois des particuliers, à l'ex-
» ception de ceux qui sont clos et tenant aux ha-
» bitations.

» Les préposés de l'administration des poudres
» se font assister des gardes, qui dressent procès-
» verbal de la quantité de bottes ou bourrées de

» bourdaine fabriquées, et le prix est payé sur le
» vu de ces procès-verbaux, à raison de 25 cen-
» times la botte ou bourrée. Ce prix est augmenté
» d'un cinquième pour les bottes que les adjudica-
» taires ou acquéreurs de bois auront réservées et
» livrées aux préposés de l'administration des
poudres. » (*Extrait du Dictionnaire général des
eaux et forêts* de M. Baudrillart.)

Pour rendre le charbon de bourdaine propre
à la fabrication de la poudre à tirer, on coupe ce
bois lorsqu'il commence à entrer en sève ; on le
dépouille de son écorce et on le coupe en morceaux de trois à quatre pouces de long. On le laisse
sécher à moitié, ensuite on l'arrange debout dans
des fosses et on le brûle. Lorsque ce bois est réduit en charbon, on éteint la braise en la couvrant
de terre.

On pourrait cultiver la bourgène exprès pour
l'usage des poudreries, et comme on pourrait exploiter à cinq ans ce bois, dont le cent de fagots,
de grosseur ordinaire, serait susceptible de se
vendre au moins 25 francs le cent, on en retire-
rait un bon produit.

NERPRUN PURGATIF.

RHAMNUS CATHARTICUS. (Linné.)

DESCRIPTION.

Caractères spécifiques.

Fleurs dioïques, quadrifides.
Feuilles ovales.

Floraison. Elle se fait en mai.
Fructification. Les graines sont à leur maturité en septembre et octobre.

Le nerprun purgatif est un arbrisseau de même taille à peu près que la bourgène, et que l'on rencontre fréquemment aussi dans les bois; il n'a pas dans les forêts l'importance de cette dernière espèce, et il y est considéré comme mort-bois.

VÉGÉTATION ET CULTURE.

Le nerprun purgatif tire son nom spécifique des propriétés de son fruit en médecine. Cet arbrisseau n'a pas une forme aussi agréable que le précédent; il porte mal ses branches, qui sont tombantes ou dirigées horizontalement, et ses rameaux diffus sont souvent armés d'épines. Son feuillage est d'un vert sombre. Il fleurit en mai et juin, et il produit en automne une quantité innombrable de petites baies noires de la grosseur d'un grain de cassis et rapprochées en bouquets autour des rameaux. Il croît ordinairement en buisson, et lorsqu'on le cultive il prend assez bien la forme d'un petit arbre.

La végétation du nerprun a beaucoup de vigueur dans sa jeunesse, mais elle ne tarde pas à devenir moins sensible, et son accroissement est généralement très-lent. Cet arbrisseau est susceptible de vivre au-delà de 3o ans.

Dans quelques pays on le cultive en grand pour son fruit. Il n'est pas délicat sur la nature du terrein, et on le perpétue de la même manière que la bourgène.

PRODUIT ET USAGE.

Le bois du nerprun purgatif est dur et plein, et il est excellent dans l'usage du chauffage; on l'estime autant que les bois de première qualité.

Les fruits de cet arbrisseau sont recherchés pour leurs propriétés purgatives. On en compose un sirop qui a la même vertu, et dont on fait usage en médecine. On retire de ces baies une couleur verte, dont se servent les peintres en miniature. Voici comment on la prépare : On tire par expression le suc des fruits mûrs, et on le met dans des vessies avec de l'alun dissous dans de l'eau; on les expose pendant quelque temps à une douce chaleur, ensuite on délaie dans de l'eau le mucilage qu'elles contiennent, et on passe le tout à travers un linge. C'est ce qu'on appelle chez les marchands de couleurs le vert de vessie.

FUSAIN COMMUN.

EVONYMUS EUROPÆUS. (Linné.)

DESCRIPTION.

Caractères génériques.

Calice à quatre ou cinq divisions. Quatre ou cinq pétales horizontaux. Autant d'étamines. Un style. Capsule à quatre ou cinq angles, à quatre ou cinq valves, à quatre ou cinq loges, dont chacune renferme une ou deux graines recouvertes d'une enveloppe pulpeuse. (Desfontaines.)

Caractères spécifiques.

Fleurs ayant le plus souvent quatre étamines. Pédoncule comprimé et multiflore, stygmate subulé.
Feuilles ovales, lancéolées et glabres.

Floraison. Elle se fait en juin.

Fructification. Les graines sont à leur maturité en octobre.

Le *genre* fusain appartient à la famille des nerpruns et à la quatorzième classe des végétaux, selon la méthode naturelle.

Le fusain, ainsi nommé, parce qu'on fait avec son bois des fuseaux, est quelquefois désigné aussi sous le nom de *bois à lardoires*. Il croît spontanément dans les bois, et dans les haies et buissons.

C'est un arbrisseau de 10 à 12 pieds de hauteur, originaire de France. Il se fait remarquer en automne par ses capsules tétraptères, nombreuses, qui se teignent d'une couleur écarlate, et se conservent long-temps après la chute des feuilles. Ses branches sont bien disposées et très-rameuses, leur écorce est de la couleur du feuillage, que l'on distingue par son élégance et le ton agréable de sa verdure. Cet arbrisseau est d'un bel ornement dans les jardins paysagers, et on l'emploie pour décorer le devant des massifs.

Son bois est blanc, dur et propre à quelques ouvrages de tour; on en fait des quenouilles, des fuseaux, des lardoires, et son charbon est recherché par les dessinateurs pour faire des esquisses.

Le fusain s'accommode de tous les terreins; on le multiplie de drageons, de marcottes et de graines.

Les bestiaux n'attaquent jamais les feuilles du fusain dont le suc est mortel pour eux. Le fruit est un purgatif très-violent pour les hommes.

MANSIÈNE ou VIORNE COTONNEUSE.

VIBURNUM LANTANA. (Linné.)

DESCRIPTION.

Caractères génériques.

Calice à cinq dents. Corolle en roue à cinq lobes. Cinq étamines. Style nul. Trois stygmates. Baie monosperme.

(DESFONTAINES.)

Caractères spécifiques.

Feuilles ovales, dentelées en scie, ondulées, cotonneuses en-dessous.

Floraison. Elle se fait en juin.

Fructification. Le fruit est à sa maturité en septembre.

Le *genre* viorne est compris dans la famille des chèvre-feuilles, et dans la onzième classe des végétaux, suivant la méthode naturelle de Jussieu.

La mansiène est un arbrisseau indigène de 5 à 6 pieds de hauteur, que l'on rencontre souvent dans les forêts, dont il fait l'ornement par son feuillage d'un vert clair, cotonneux en-dessous et par ses superbes corymbes de fleurs blanches, auxquelles succèdent autant de petits fruits aplatis, d'abord d'un beau rouge de corail et devenant noire à leur maturité.

CULTURE, PRODUIT ET USAGE.

On cultive la mansiène dans les pépinières pour la transporter dans les jardins paysagers où on la place sur le devant des massifs parmi les arbrisseaux à fleurs.

Elle se multiplie de drageons, de boutures, de marcottes et de graines; elle vient dans tous les terreins, mais elle prospère beaucoup mieux dans un sol frais et ombragé.

Cet arbrisseau croît en abondance dans de certaines forêts de la France, où l'on fait de ses rameaux, allongés et flexibles, des harts pour lier les fagots dans les ventes. Il est utile dans les forêts où l'on conserve du gibier, auquel il procure un bon couvert, ayant la faculté de venir très-bien sous les arbres. Sa végétation est vigoureuse et son accroissement est prompt dans les lieux où il se plaît. On peut en tirer un bon parti dans la plantation des remises et des haies de clôture.

VINETTIER. ÉPINE-VINETTE.

BERBERIS VULGARIS. (Linné.)

DESCRIPTION.

Caractères génériques.

Calice coloré, à six feuilles, entouré extérieurement de trois bractées. Corolle composée de six pétales, dont les onglets ont deux glandes latérales. Six étamines. Style nul. Un stygmate orbiculaire. Une baie à une loge, renfermant deux autres graines.

(Desfontaines.)

Caractères spécifiques.

Feuilles ovales, oblongues, ciliées à leur bord.
Rameaux simples, inclinés.

Floraison. Elle se fait en mai et juin.
Fructification. Le fruit est à sa maturité en octobre.

Le *genre* vinettier comprend environ six espèces ou variétés. La famille dont il fait partie a reçu son nom, et elle est comprise dans la trei-

25

zième classe des végétaux, selon la méthode naturelle de Jussieu.

Le vinettier commun ou épine-vinette, est un arbrisseau de moyenne taille, originaire de France. On le rencontre assez souvent dans les forêts où il croît en buisson dans les endroits aérés. Tous ses rameaux sont hérissés d'épines, longues, flexibles et très-pointues, qui en rendent l'approche dangereuse. Il fait partie des morts-bois les plus inutiles des forêts. Cependant la beauté de ses fleurs et de ses fruits lui font mériter une place remarquable dans les jardins, à l'ornement desquels il contribue fort agréablement. Ces fleurs petites et d'un jaune pur ont beaucoup de délicatesse ; elles sont réunies à l'extrémité des rameaux en jolies grappes pendantes très-nombreuses ; il leur succède autant de petits fruits oblongs, d'abord verdâtres et qui se colorent à leur maturité d'un rouge écarlate : ces petites grappes, qui conservent long-temps leur éclat, produisent, par leur grande multitude, un effet charmant, qui fait admirer le vinettier partout où il est placé.

VIE ET VÉGÉTATION.

Le vinettier commun a une végétation vigoureuse, et dans les terreins où il se plaît il fait rapidement sa croissance. Cet arbrisseau ne forme ordinairement qu'un buisson de 4 à 5 pieds de hauteur; mais comme il est susceptible de vivre long-temps, il peut avec les années prendre de bien plus grandes dimensions. Nous avons vu des épines-vinettes, âgées de 40 ans environ, qui étaient parvenues à 12 pieds de hauteur, et quelques-uns de leurs brins avaient 7 à 8 pouces de tour. M. Bosc dit avoir vu auprès de Dijon des épines-vinettes qu'on disait âgées de plus d'un siècle : elles avaient pris un très-grand accroissement et formaient des arbres d'une moyenne taille. Toutefois les dimensions de cet arbrisseau sont bornées, et il arrive en peu de temps au terme de son accroissement ; mais il paraît susceptible de vivre un bien plus grand nombre d'années après avoir terminé sa croissance.

CULTURE.

L'épine-vinette n'est pas délicate sur la nature des terreins ; cependant un sol trop humide ne lui conviendrait pas. On multiplie cet arbrisseau de drageons enracinés, de boutures, de marcottes et de graines.

Comme on cultive les vinettiers pour leurs fruits, on propage de préférence les variétés qui ont peu de pepins, ou bien on emploie le mode de culture qui peut en empêcher la reproduction, parce que les fruits sont plus charnus et de meilleure qualité. Quelques agronomes pensent qu'on obtiendra plus facilement ce résultat dans l'espèce commune , si on la multiplie par toute autre voie que par les graines, c'est-à-dire par les drageons et les marcottes. Aussi ces deux moyens sont-ils mis plus souvent en pratique que celui des semis , et ils ont en même temps l'avantage d'être beaucoup plus prompts. Cependant comme ils ne produisent pas du plant en assez grande abondance, on est obligé de multiplier le vinettier aussi par ses graines.

Pour faire les semis on choisit un sol substantiel et léger, exposé au levant ; on l'ameublit par un labour profond , on y sème les graines , c'est-à-dire les fruits tout entiers aussitôt leur maturité, et on les recouvre d'une légère épaisseur de terre. Quelquefois ces semences ne lèvent que la seconde année , et cette lenteur ne doit pas faire désespérer de leur succès. On extrait ce plant à l'âge de deux ans, et on le repique dans les pépinières, dans lesquelles on l'élève encore deux ou trois ans, et après cela il est propre à être planté à demeure.

On fait les marcottes au printemps. Pour cela on choisit les bourgeons qui partent de la souche ou de la tige ; on les incline pour les coucher en terre, et on les recourbe de manière à ce que l'extrémité qui doit être hors de terre ait une direction verticale. Ces provins peuvent être enracinés l'automne suivant, mais il vaut mieux ne les sevrer, c'est-à-dire les détacher de la tige-mère, que la deuxième année. Ces nouveaux plants, qui seront très-bien enracinés alors, auront acquis de la force, et leur reprise, ainsi que leur accroissement ensuite, seront beaucoup plus prompts. Les boutures réussissent bien aussi, mais ce moyen est moins certain que les semis et plus lent que celui des marcottes.

Quant à la multiplication par les drageons, que produisent les racines ou la souche, elle offre des résultats très-satisfaisants, parce que ces rejets sont déjà en racines lorsqu'on les extrait, et ils produisent une avance considérable. On devrait préférer ce moyen s'il pouvait produire autant de plants qu'on en désirerait, mais pour la quantité ses ressources ne sont pas aussi grandes que celles des autres.

PRODUIT, UTILITÉ ET USAGE.

Le bois de l'épine-vinette est d'une belle couleur jaune ; il est filandreux, dur, plein et coriace. Lorsqu'il est un peu gros, il est recherché pour divers ouvrages de tour et de marqueterie. Comme bois à brûler, il ne peut fournir que de la bourrée, qui est d'un fort bon usage pour le chauffage des fours. Cet arbrisseau repousse très-vigoureusement sur souche ; on peut le recéper tous les cinq ans, et en retirer par ce moyen un assez bon produit comme combustible. Il souffre bien le croissant et il est, au moyen des épines dont il est hérissé, particulièrement propre à former de bonnes haies de clôture ; mais lorsqu'on veut en récolter les fruits, il ne faut pas le tondre parce que le croissant enléverait les sommités des branches auxquelles s'attachent les fleurs et les fruits.

Les fruits du vinettier ont à leur maturité un goût aigrelet assez agréable, et leur qualité est astringente. Étant encore vert, on les confit quelquefois dans le vinaigre avec du sucre pour s'en servir comme de câpres. Mûrs on les mange crus ou cuits ; mais l'usage le plus général auquel on les emploie est pour en faire des sirops rafraîchissans, des confitures et des gelées au sucre, très-saines, que l'on mange au dessert ou avant dîner pour se mettre en appétit. On fabrique particulièrement ces denrées à Dijon, où on cultive pour cet usage les vinettiers en grand. M. Baudrillart dit qu'on obtient des baies du vinettier, par la fermentation, un vin acide qui dépose un sel analogue au tartre, et qu'on peut tirer de ces fruits une excellente eau-de-vie. Il ajoute que leurs sucs mêlés avec de l'alun produisent une belle teinture rouge.

L'écorce des rameaux et des racines de l'épine-vinette donne une couleur jaune que l'on communique à différens bois, et qui sert à teindre les cuirs et les laines.

A cause de ses divers usages, la culture de l'é-pine-vinette peut être d'un excellent produit. Elle croît dans les plus mauvais terreins, qu'elle est susceptible d'utiliser par son bois qu'on peut couper tous les quatre ou cinq ans pour chauffer les fours, par ses cendres qui fournissent de la potasse, et par ses fruits qui donnent un produit annuel. M. Bosc dit avoir vu en Bourgogne de très-forts pieds d'épine-vinette qui rapportaient chacun jusqu'à 100 fr. par année.

Propriétés en médecine.

Le fruit de l'épine-vinette, connu en médecine et dans les pharmacies sous le nom de *berberis*, est raffraîchissant, astringent, cordial et antiputride; son écorce est styptique, amère et purgative. Selon Matthiole, le vin de berberis, pris avec sirop violat et eau, est bon contre les fièvres malignes et pestilentielles; il étanche non-seulement la soif, mais il éteint et supprime toutes vapeurs malignes et pestilentielles, et empêche qu'elles ne suffoquent le cœur et le cerveau; il est bon contre les défluxions et dévoiemens d'estomac; il calme le trop grand mouvement de la bile et est bon contre les inflammations du foie; pris en gargarisme il résout les inflammations du palais, de la gorge et de la luette, il soude les plaies fraîches et les vieux ulcères, et distillé dans les anglets des yeux, il est bon aux yeux larmoyans. La décoction de l'écorce de la racine passe pour être propre à la guérison de la jaunisse et de l'hydropisie. Selon Dioscoride, la racine pilée a la vertu de tirer hors de la chair les épines.

ROSIER ÉGLANTIER.

ROSA EGLANTERIA. (Linné.)

DESCRIPTION.

Caractères génériques.

Calice persistant, alongé ou arrondi, resserré au sommet, à cinq divisions, les unes entières, les autres ordinairement barbues sur les bords. Cinq pétales. Étamines nombreuses. Plusieurs styles. La base du calice devient une baie polysperme. Graines osseuses hérissées de poils. (Desfontaines.)

Caractères spécifiques.

Fruits. Baie ovoïde-oblongue, glabre.
Feuilles ovales, acuminées, lisses en dessus, pétiole épineux.
Rameaux garnis d'aiguillons recourbés.

Floraison. Elle se fait en mai.

Fructification. Les graines sont à leur maturité en septembre et octobre.

Le *genre* rosier appartient à la famille des rosacées et à la quatorzième classe des végétaux, selon la méthode naturelle de Jussieu.

L'églantier est un rosier sauvage qui croît dans les forêts, dans les champs, dans les haies, sur le bord des chemins et dans tous les lieux incultes. Ses fleurs sont simples, blanches ou légèrement rosées et très-nombreuses. Elles durent très-peu et il leur succède autant de fruits lisses, oblongs d'abord verts et qui se colorent en arrivant à leur maturité d'un superbe rouge de corail. Les fruits sont formés dès le mois de juin et se font voir la plus grande partie de la saison. Par leur multitude et l'éclat de leur couleur il rendait l'églantier bien plus remarquable à l'époque de sa fructification qu'à celle de sa floraison qui attire peu l'attention, principalement à cause de sa courte durée. C'est pourquoi nous avons cru devoir dans l'atlas représenter l'églantier en fruits plutôt qu'en fleurs.

Il existe peu de plantes dont la végétation soit aussi forte que celle de l'églantier ; assez ordinairement il produit des bourgeons de 5 à 6 pieds de longueur dans sa saison, et quelquefois on voit des rejetons de la souche des vieux églantiers acquérir jusqu'à 12 pieds de longueur dans une année. Ces pousses extraordinaires n'ont pas une grosseur proportionnée, et elles ne peuvent pas se soutenir d'elles-mêmes ; elles s'inclinent pour ramper à terre ou s'appuyer sur les arbres. L'églantier n'est pas délicat sur la nature des terreins, mais ce n'est que dans les sols frais et ombragés que sa végétation montre la vigueur que nous venons de remarquer ; dans les terreins ordinaires il croît en buisson et ses rameaux sont droits ; dans les lieux humides et les meilleures qualités de terre, il devient un arbrisseau sarmenteux.

L'églantier n'est d'aucune utilité pour le sol des forêts ; au contraire, lorsqu'il s'y trouve en grande abondance, il n'y forme que des halliers nuisibles ; mais on en tire un très-grand parti ailleurs. Il fournit des sujets pour la greffe des rosiers, et c'est au moyen de cet arbrisseau que l'on propage et reproduit avec un nouvel éclat toutes les espèces et les variétés infinies de la plus belle des fleurs.

HOUX COMMUN.

ILEX AQUIFOLIUM. (Linné.)

DESCRIPTION.

Caractères génériques.

Calice à quatre dents. Corolle en roue, à quatre divisions profondes. Quatre étamines. Quatre stygmates. Baie sphérique renfermant quatre osselets. (Desfontaines.)

Caractères spécifiques.

Fleurs axillaires, presque disposées en ombelle.
Feuilles persistantes, ovales, luisantes, ondulées et garnies d'épines divergentes.

Floraison. Elle se fait en mai.
Fructification. Le fruit mûrit en automne.

Le *genre* ilex est compris dans la famille des nerpruns qui appartient à la quatorzième classe des végétaux (méthode naturelle). Il se compose d'une dixaine d'espèces et de plusieurs variétés;

nous ne parlerons que de l'espèce qui croît ordinairement dans les forêts.

Le houx commun est un joli arbrisseau toujours vert, d'un assez beau port. Ses feuilles persistantes, d'un vert sombre et luisant, sont fortement ondulées et chacune de leur sinuosité est
terminée par un aiguillon très-pointu. Ses fleurs
petites, blanches et réunies en trochées le long
des rameaux, sont peu remarquables ; il leur succède autant de petites baies sphériques qui deviennent rouges à leur maturité. Elles sont très-
nombreuses et produisent un contraste agréable
avec le ton de verdure du feuillage.

On prétend que c'est de la disposition parti-
culière des feuilles du houx commun que sont
tirés ses noms latins génériques et spécifiques ;
ilex d'*illicere*, qui veut dire attirer, parce que cet
arbrisseau déchire par ses feuilles, et *aquifolium*
qui est peut-être un corrompu d'*acutifolium*,
c'est-à-dire feuilles épineuses, ou bien *aquifolium* pour exprimer que les feuilles, par le vernis
de leur surface supérieure, paraissent être toujours couvertes d'eau.

VIE ET VÉGÉTATION.

Le houx commun croît parmi les grands arbres ;
il paraît préférer leur ombrage à l'air libre ; car ce
n'est que sous les futaies qu'il prospère le mieux.

Il a une végétation qui montre quelque vigueur dans sa jeunesse ; mais à mesure qu'elle prend du développement, ses progrès deviennent moins sensibles : la croissance de cet arbrisseau est généralement très-lente. Le houx affecte des formes et prend des dimensions très-variables. Il croît en buisson et s'élève aussi en tige. Dans de certains terreins où il vient en buissons il ne parvient jamais à plus de cinq pieds de hauteur, et dans d'autres localités il devient quelquefois un arbre de 25 pieds de hauteur. Sa taille la plus ordinaire est de 10 à 12 pieds.

La longévité de cet arbrisseau paraît être très-grande. On en rencontre fréquemment de très-âgés dans les futaies, où il prend ses plus grandes dimensions. M. Baudrillart rapporte qu'on a cité des haies vives plantées en houx, qui avaient plus de deux cents ans et qui paraissaient susceptibles de durer bien long-temps encore.

CULTURE.

Le houx commun ne fait, ainsi que les autres arbrisseaux, partie des forêts, que parce qu'il y croît spontanément; aussi n'est-il pas cultivé dans les bois, où on le trouve plus nuisible qu'utile. On n'en fait des élèves que dans les pépinières, pour fournir des sujets sur lesquels on greffe les espèces et variétés de houx que l'on propage par ce moyen pour l'ornement des jardins. Cependant on cultive aussi le houx commun pour lui-même, soit pour composer des haies de clôture ou le faire entrer dans la plantation des bosquets d'hiver, à la décoration desquels il est très-propre par sa verdure perpétuelle.

Le houx aime les terres légères, un peu substantielles et ombragées. Il ne prospère pas aussi bien dans les terreins labourés et marécageux. On le multiplie de marcottes et de graines.

Pour établir un semis de houx il faut le faire en terreau de bruyère, à l'exposition du nord : c'est principalement la nature de terre qui lui convient. On sème les graines aussitôt leur maturité, et on les recouvre très-légèrement ; il est nécessaire de répandre des feuilles ou de la mousse sur la planche où on a fait le semis, afin de garantir les graines des oiseaux, qui les recherchent avec avidité. Ces semences ne lèvent ordinairement que la seconde année. Pour rendre les jeunes houx plus propres à la reprise, il faut les transplanter deux fois dans la pépinière ; ainsi on les extrait à l'âge de deux ans pour les repiquer dans un autre terrein, où on les place en ligne à 10 pouces de distance, sur tous sens. Deux ans après on les relève de nouveau pour les replanter de la même manière, mais à une plus grande distance les uns des autres. C'est alors qu'on greffe ceux qui sont destinés à cet usage. Trois ans après cette dernière transplantation les houx sont bons à être mis en place, soit greffés ou non greffés. Pour planter les houx avec plus de succès, il faut autant que possible, quand on les lève, conserver un peu de terre à leurs racines.

PRODUIT, UTILITÉ ET USAGE.

Le bois de houx est très-blanc lorsqu'il est jeune, et quand il est vieux il a vers le cœur une couleur brune plus ou moins foncée. Il est dur, pesant, compacte, et son grain est très-fin; il se polit facilement, et il est susceptible de prendre toutes les couleurs que l'on veut lui donner. Ce bois est recherché dans la mécanique et pour divers ouvrages de tour. On en fait des dents de roues d'engrenage, des manches d'outils, des roulons d'échelles, des baguettes de fusil, des manches de fouets, des cannes, des chevilles, des fuseaux et alluchons de moulins. M. Baudrillart pense que, si l'on trouvait communément de forts échantillons de ce bois, qu'il pourrait être employé par les ébénistes et les charpentiers, ayant toutes les qualités nécessaires pour les ouvrages de ces deux arts.

L'écorce du jeune bois est charnue et mucilagineuse; on en fait de la glu, que l'on estime quelquefois autant que celle que l'on tire du gui. Pour obtenir cette glu on gratte l'épiderme de l'écorce, pour ne conserver que le liber, ou seconde écorce. On enlève cette partie intérieure, et on la broie dans un mortier pour la convertir en une pâte, que l'on met pendant quinze jours à la cave ou dans un autre lieu humide, afin de la faire fermenter. On lave après cela cette pâte dans de l'eau pour en séparer tous les filamens ligneux que l'on retire. On renferme ensuite la glu dans un vase que l'on bouche hermétiquement après y avoir ajouté un peu d'huile, et elle se conserve dans cet état. L'usage principal que l'on fait de la glu est pour prendre les oiseaux. On pourrait s'en servir aussi pour garantir les jeunes arbres fruitiers de l'invasion des chenilles et des fourmis, en en faisant autour de la tige un enduit, que ces insectes ne pourraient pas traverser.

Comme le houx commun souffre bien le ciseau, il est propre à former des palissades de verdure perpétuelle et des haies vives. Son fruit est très-recherché des oiseaux, et il ne peut qu'être un arbrisseau très-utile dans les remises que l'on établit pour donner une retraite au gibier.

Propriétés en médecine.

On prétend que les fruits du houx sont purgatifs et excitent le vomissement, mais que huit à dix baies ou graines seraient d'un effet violent et dangereux. Selon Matthiole, la décoction des

racines du houx, usée en fomentation, est bonne
aux nodosités des jointures qui avaient été dislo-
quées ; elle les ramollit et les résout de même
aussi qu'elle dissipe les tumeurs et soude les os
rompus.

BUIS TOUJOURS VERT ou COMMUN.

BUXUS SEMPERVIRENS. (Linné.)

DESCRIPTION.

Caractères génériques.

FLEURSM ONOÏQUES RÉUNIES EN PAQUETS AXILLAIRES.

Fleurs mâles. Calice composé de quatre folioles, colorées, arrondies au sommet, entourées de deux ou trois petites bractées écailleuses. Corolle nulle. Quatre étamines plus longues que le calice, attachées au réceptacle.

Fleurs femelles au centre de chaque paquet de fleurs mâles. Calice formé de trois écailles, entouré de trois ou quatre bractées. Ovaire supère. Trois styles courts, persistant, obtus, marqués d'un sillon longitudinal. Capsule presque globuleuse, à trois pointes, à trois valves et à trois loges renfermant deux graines.

(Desfontaines.)

Caractères spécifiques.

Fleurs. Anthères ovales.
Feuilles persistantes, ovales, oblongues, tige arborescente.

Floraison. Elle se fait en mai.

Fructification. Les graines sont à leur maturité en octobre.

Le *genre* buis se compose de deux espèces et de quelques variétés. Il fait partie de la famille des euphorbes, qui est comprise dans la quinzième classe des végétaux, selon la méthode naturelle de Jussieu.

Le buis est originaire de la France. Lorsqu'il est livré à lui-même il a des dimensions très-variables ; elles dépendent des climats où il croît. Dans quelques contrées méridionales il devient un arbre d'une certaine stature ; dans d'autres localités il est un très-grand arbrisseau ; dans le nord de la France et de l'Europe ce n'est qu'un arbuste. C'est le plus ordinairement dans ce dernier état qu'on le rencontre dans les forêts, où il croît en divers endroits en très-grande abondance.

On connaît son feuillage petit, épais, luisant, d'une forme délicate, persistant, et sa verdure foncée et perpétuelle. Partout où on rencontre le buis il charme les yeux, il fait oublier le sommeil de la nature, et sa présence, en offrant l'image d'un printemps continuel, égaie, dans les lieux où il croît en abondance, l'âme attristée par la rigueur des saisons.

Les anciens connaissaient le buis et ils l'avaient consacré à Cérès et à Cybèle. Ils faisaient grand cas de cette plante, qu'ils employaient comme de nos jours à la décoration de leurs jardins, en lui donnant toutes sortes de formes par la tonture. Au rapport de Pline, c'est principalement le buis que l'on regardait comme l'arbre le plus propre à la tonte, qui a fait naître chez les Romains le goût des tontures, qu'ils ont appliquées ensuite à d'autres espèces d'arbres dans leurs jardins. Ils estimaient particulièrement le buis par les qualités de son bois, dont ils faisaient aussi un grand nombre d'ouvrages. On prétend que le nom de *buis* signifie dans sa racine *bois de fer*, pour exprimer que la dureté de ce bois est si grande qu'elle ressemble à celle du fer.

VIE ET VÉGÉTATION.

Le buis aime particulièrement les terreins montueux ; il croît en grande abondance dans les montagnes du Jura, de la Franche-Comté, du Dauphiné, en Provence, dans le Languedoc, dans les Pyrénées et en Espagne. La croissance du buis est très-lente et sa longévité est fort grande. Varenne-Fenille dit avoir compté 243 couches sur une tranche d'environ huit pouces d'épaisseur, et ce morceau n'était pas entier. On voit que le buis est susceptible de vivre des siècles.

CULTURE.

Le buis se multiplie de boutures, de marcottes et par ses graines. La voie des marcottes est plus prompte, et on l'emploie plus fréquemment. Il s'accommode de presque tous les terreins, mais il préfère ceux qui sont substantiels, ombragés et frais.

On ne cultive point le buis dans les forêts; il vient de lui-même dans les bois, dont il fait l'ornement, et il n'est jamais nuisible à leurs produits.

EXPLOITATION, UTILITÉ ET USAGE.

Dans quelques-uns des pays que nous venons de nommer, le buis se trouve en si grande abondance, que souvent on en rencontre des forêts entières dont les produits sont une des principales ressources des habitans de ces contrées. A Grenoble, dans la Franche-Comté et principalement à Saint-Claude, on en fait une prodigieuse consommation. C'est dans ce pays que se fabrique une grande partie des ouvrages que l'on fait en buis. Presque tous les paysans savent travailler ce bois, et chacun a son genre d'ouvrage, dont il ne s'écarte pas.

On distingue le *bois de tige* et le *bois de broussin*. Le broussin est la souche sur laquelle on a fait plusieurs recepages. Par ces coupes multipliées les filamens ligneux ne pouvant plus s'alonger, prennent une direction divergente et se croisent en tous sens dans la racine, qui devient très-richement marbrée par cette nature de végétation.

Le bois de buis est d'une couleur jaune plus ou moins foncée; son tissu est très-fin, il est serré et compacte, et il est surtout très-pesant. Ce bois, principalement celui de la racine, est susceptible de se comprimer, et on est parvenu à le mouler dans différentes formes. Il serait difficile d'énumérer tous les ouvrages qui se fabriquent en buis. On sait qu'on en fait des tabatières, des cuillers, des fourchettes, des vases, des instrumens à vent, des cannelles pour tirer le vin, des salières de tables, des échecs, des pions de damiers, des nécessaires, des peignes, des boutons, et une multitude d'autres ouvrages du tour, de la tabletterie et de la marqueterie.

LES ARBRES FORESTIERS

CLASSÉS SELON LES DIVERSES NATURES DE TERREINS DANS LESQUELS ILS PROSPÈRENT.

Terreins sablonneux, substantiels et frais, ayant de la profondeur.

Le chêne, le hêtre, le charme, le châtaignier, le frêne, le bouleau, le mélèze, le sapin commun, le pin à pignons, l'yeuse, le liége, le cèdre du Liban, les tilleuls, l'érable champêtre, le sicomore, le plane, le noyer, le marronier.

Terres fortes ou substantielles.

Le frêne, l'orme, l'épicéa, le cèdre du Liban, l'acacia, l'érable champêtre, le sicomore, le plane, le noyer, le pommier sauvageon, le poirier, le merisier, le cormier, l'alizier, le marronier.

Terreins substantiels et secs.

L'orme, le liége, le tilleul, l'acacia, le sicomore, le marronier.

Terreins substantiels et humides.

Le chêne, le frêne, l'orme, l'ypréau, le tremble, le grisart, les platanes, le pommier, le poirier, le cormier, le marronier.

Terreins argileux et humides.

Le hêtre, le charme, le frêne, l'épicéa, les platanes, l'ypréau, le grisart, le tremble.

Terreins rocailleux et ferrugineux, frais ou secs.

Le châtaignier, le bouleau, l'orme, le noyer.

Terreins secs, composés de gravois.

Le cèdre du Liban, le sicomore, l'érable champêtre, l'érable-plane, le noyer.

Terreins crayeux et calcaires.

Le pin sylvestre, dit d'Écosse, le noyer.

Landes ou sables arides.

Le pin maritime ou de Bordeaux, le pin à pignons.

Sables quartzeux ou mêlés de roches.

Le pin sylvestre, le pin maritime, le pin à pignons, le cèdre du Liban.

Terreins montagneux.

L'orme , le châtaignier, le bouleau , le pin sylvestre , l'épicéa , le mélèze , le sapin commun , le
pin à pignons , le cèdre du Liban , le liége.

Terreins marécageux et aquatiques.

L'aune , le marceau , les saules , le peuplier
blanc ou ypréau , le grisart , le tremble , le peuplier noir, le peuplier d'Italie.

Voir au traité de chaque espèce d'arbres leurs divers degrés de
prospérité dans ces différentes sortes de terreins.

LES ARBRES FORESTIERS

CLASSÉS D'APRÈS LA NATURE DE LEUR ACCROISSEMENT.

Arbres dont l'accroissement est lent généralement.

Le chêne, le hêtre, le charme, l'épicéa, le mélèze, le sapin commun, l'yeuse, le liége, l'érable champêtre, le noyer, le pommier sauvageon, le poirier sauvage, le cormier, l'alizier.

Arbres dont l'accroissement est plus prompt.

Le châtaignier, le frêne, le pin sylvestre, le pin maritime, le pin à pignons, le cèdre du Liban, le grisart, le tremble, les tilleuls, le sicomore, l'érable-plane, le merisier, le marronier.

Arbres forestiers dont l'accroissement est le plus rapide.

L'orme, le bouleau, l'ypréau, le peuplier noir, le peuplier de Canada, le peuplier d'Italie, l'aune, le marceau, les saules, l'acacia.

Voir au traité de ces arbres leur culture dans ces différens degrés d'accroissement.

LES ARBRES FORESTIERS

CLASSÉS D'APRÈS LEUR IMPORTANCE DANS L'ÉCONOMIE DOMESTIQUE
ET FORESTIÈRE.

PREMIÈRE CLASSE.

Arbres composant les forêts, ayant la plus grande importance
dans l'économie.

Le chêne, le hêtre, le charme, le châtaignier,
le frêne, l'orme, le bouleau, le pin sylvestre,
l'épicéa, le mélèze, le sapin commun, le merisier.

Voir au traité de ces arbres leurs produits et leurs divers degrés d'utilité.

SECONDE CLASSE.

Arbres composant les forêts, ayant beaucoup d'utilité, mais
dont l'importance est secondaire dans l'économie.

Le pin maritime, le pin à pignons, le chêne
vert, le liége, l'ypréau, le grisart, le tremble,
l'aune, les tilleuls, l'érable champêtre, le pommier sauvageon, le poirier sauvage, le cormier,
l'alizier.

Voir au traité de ces arbres leurs différens genres d'utilité et
leur produit.

TROISIÈME CLASSE.

Arbres venant spontanément dans les bois, n'ayant que peu d'importance dans l'économie domestique et forestière.

Le marceau, les saules, le peuplier noir, le peuplier de Canada, le peuplier d'Italie, le marronier.

Voir au traité de ces arbres le parti qu'on peut en tirer.

Arbres peu ou point répandus encore dans les forêts, mais susceptibles d'être classés parmi les essences les plus utiles.

Le cèdre du Liban, l'acacia, le sicomore, l'érable-plane, les platanes, le noyer.

Voir dans l'ouvrage le traité de ces arbres, pour connaître leurs qualités et usages.

FIN.

TABLE ALPHABÉTIQUE

DES NOMS LATINS DES ARBRES ET ARBRISSEAUX FORESTIERS DONT LE TRAITÉ EST DONNÉ DANS CET OUVRAGE.

ARBRES.

	Pages			Pages
Abies picea,	121	Populus	alba,	179
— taxifolia,	145	—	grisea,	189
Æsculus hippocastanum,	331	—	tremula,	ibid.
Acer campestre,	260	—	nigra,	194
— pseudo platanus,	265	—	fastigiata,	199
— platanoïdes,	275	—	molinifera,	203
Alnus communis,	205	Prunus avium,		317
Betula alba,	86	Pyrus pyraster,		315
Carpinus betulus,	44	Quercus robur glomerata,		4
Castanea vesca,	53	—	pedunculata,	ibid.
Cratægus torminalis,	327	—	villosa,	ibid.
Fagus sylvatica,	32	—	ilex,	167
Fraxinus excelsior,	64	—	suberosa,	171
Juglans regia,	291	Robinia pseudo acacia,		244
Larix europæa,	130	Salix capræa,		216
— cedrus,	159	—	amygdalina,	219
Malus communis sylvestris,	308	—	alba,	ibid.
Pinus sylvestris,	100	Sorbus domestica,		322
— maritima,	116	Tilia europæa,		230
— pinea,	152	—	sylvestris,	ibid.
Platanus orientalis,	279	Ulmus campestre suberosa,		75
— occidentalis,	ibid.	— campestre latifolia,		ibid.

ARBRISSEAUX.

	Pages		Pages
Berberis vulgaris ,	385	Ligustrum vulgare ,	369
Buxus sempervirens ,	403	Mespilus oxyacantha ,	352
Cornus mascula ,	357	— germanica ,	363
— sanguinea ,	ibid.	Prunus spinosa ,	366
Corylus avellana ,	347	Rhamnus frangula ,	373
Evonymus europæus ,	381	— catharticus ,	378
Ilex aquifolium ,	396	Rosa eglanteria ,	393
Juniperus communis ,	340	Viburnum lantana ,	383

FIN DE LA TABLE DES NOMS LATINS.

TABLE ALPHABÉTIQUE

DES MATIÈRES.

Pages

Acacia vulgaire, 244
Alizes, 33o
Alizier des bois, 327
Ambre jaune, 180
Arbres forestiers (les) clas-
sés selon les natures de
terreins, 408
Arbres forestiers (les) clas-
sés d'après la nature de
leur accroissement, 411
Arbres forestiers (les) clas-
sés d'après leur impor-
tance dans l'économie, 412
Arbres de dimensions ex-
traordinaires, 9, 10, 11,
55, 162, 234, 284
Aubépine, 352
Aune, 205
Baume d'ormeau, 85
Berberis (vin de), 391
Blanc de Hollande, V. peu-
plier blanc.
Bois en matières (du pro-
duit des), 28
Bois propres aux construc-

Pages

tions civiles, 22, 41, 60,
71, 83, 254, 305
Bois propres aux constructions navales, 22, 41, 83,
111, 141, 254, 305
Bois de constructions dans
le nord, 95, 112, 185, 254
— de fente, 23, 60, 126
— de sciage, 26, 41, 60,
126, 150, 188, 162, 241, 304
— incorruptibles à l'air,
133, 142, 161, 165, 240
— incorruptibles dans
l'eau, 133, 142, 213
Bois incorruptibles dans la
terre, 133, 213
Bois à chandelles, 111
— à crayons, 344
— à lardoires, 282
— à violons, 263
— des luthiers, 263, 273,
304, 313, 330
— de teinture, 255, 391
— des sculpteurs, 240,
273, 336

Pages

— des graveurs sur bois, 240, 3i3, 336
Bouleau, 86
Bourdaine, *V.* bourgène.
Bourgène, 373
Bourseault, *V.* marceau.
Brai sec (le), 113
Brai gras (le), *ibid.*
Buis, 403
Cèdre du Liban, 159
Cedria ou résine de cèdre, 166
Chablis, 39, 148
Charme, 44
Châtaignier, 52
Châtaignes, 61, 62
Châtaignes chevalines, 333
Chêne, 1
Chêne vert, 167
Chêne-liége, 171
Chevilles des vaisseaux, 254
Cormes, 326
Cormier, 322
Cornouiller, 357
Coudrier, *V.* noisetier,
Écorce de chêne, 25
— de l'orme, 85
— du bouleau, 96
— de l'épicéa, 127
— de l'aune, 214
— du tilleul, 232, 241, 243
— de platane, 288
— du vinettier, 391
Églantier, 393
Épicéa, 120
Épine blanche, *V.* aubépine.
— noire, 366
— vinette, *V.* vinettier.
Érable, 256
Érable (sucre d'), 257
Érable champêtre, 260
— sicomore, 265
— plane, 275
Explication des planches de fructification, *V.* l'Atlas.
Faînes, 42
Fau, *V.* hêtre.
Fayard, *V.* hêtre.
Feuilles de chêne, 28
— du hêtre, 42

Pages

Feuilles du frêne, 65, 72
— de l'orme, 75, 85
— de l'acacia, 255
— de l'érable champ., 263
— du tilleul, 243
— du fusain, 382
Frêne, 63
Fructification (développement des parties de la), *V.* l'Atlas.
Fusain, 381
Galipot (le), 113
Gelivure dans le bois, 37
Genévrier, 340
Gland (le), 5, 25, 27
Glands sardiens, 54
— de Jupiter, *ibid.*
Glu (la), 26, 400
Goudron (le), 115
Grisart, 189
Hêtre, 31
Houx, 396
Huile de faînes, 42
— de noix, 305
— de sanguin, *V.* cornouiller.
Introduction, j
Liége (le), 174
Manne des pharmacies, 67
— de Briançon, 144
Mansiène, 383
Marceau, 216
Marronier, 331
Marrons d'Inde (des), 337
Mélèze, 130
Merises (les), 321
Merisier, 317
Meubles de luxe, 84, 91, 214, 234
Morts-bois, 217, 386
Néflier sauvage, 363
Nerprun, 373
— purgatif, 378
Noir de fumée, 114, 129
— d'Espagne, 176
Noisetier, 347
Noix (des), 305, 307
Noyer, 289
— cultivé, 291

	Pages.		Pages
Orme,	74	Sapin commun,	145
Peuplier blanc,	179	Saule,	215
— grisart,	189	— marceau,	216
— noir,	194	— commun,	219
— d'Italic,	199	— blanc,	ibid.
— de Canada,	203	Sauvageon, V. pommier.	
Pignons (les),	115, 157	Sicomore, V. érable.	
Pin d'Écosse,	99	Tan (le), 25, 127, 214,	288
Pin maritime,	116	Térébenthine,	151
— à pignons,	152	Térébenthine de Venise,	
Plantards,	223	132, 143,	144
Platanes,	279	Térébenthine (essence de),	128
Poirier sauvage,	315	Tilleul,	229
Poix grasse,	127	— commun,	230
Poix de Bourgogne,	ibid.	— sauvage,	ibid.
Pommier sauvageon,	308	Tremble,	189
Pommes de pin, 117,	153	Troëne,	369
Poudre à tirer, 94,	375	Verne ou vergne, V. aune.	
Prunellier, V. épine noire.		Vert de vessie,	380
Résine (la), 112, 114,	115	Vinettier,	385
Robinier, V. acacia.		Viorne, V. mansiène.	
Rosier églantier,	393	Yeuse, V. chêne vert.	
Sapin,	120	Ypréau, V. peuplier blanc.	

FIN DE LA TABLE DES MATIÈRES.

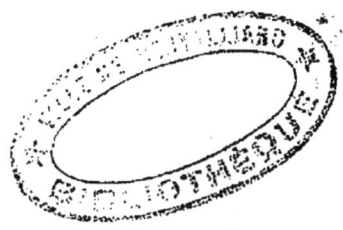

ERRATA.

Page 115, ligne 19, *au lieu de* modifie *lisez* mondifie.

Page 130, ligne dernière, *au lieu de* faites *lisez* feuilles.

Page 164, ligne 13, *au lieu de* plateaux *lisez* placeaux.

Page 184, ligne 13, *au lieu de* ne l'estimait-on *lisez* ne l'estime rait-on.

Page 231, ligne 13, *au lieu de* peu à peu *lisez* peu après.

MOREAU, IMPRIMEUR,
rue Montmartre, n. 39.

www.ingramcontent.com/pod-product-compliance
Lightning Source LLC
Chambersburg PA
CBHW060947220326
41599CB00023B/3624